No.7

顾问 史根东 刘德天 李兵弟 臧英年

美丽地球·少年环保科普丛书

绿色植物的呐喊

叶 榄 孙 君 主编

编著 丁娟 人与 马向于 王晨琛 龙海铮 刘振 阮俊华 杨建南 张涓 陆宏 陈飞 陈开碇 陈耀祥 尚耀庭 封宁 郭耕 崔志如 崔晟

U0312801

倾听绿色植物的心声，用我们的爱心与行动
来维护绿色家园。

陕西出版传媒集团
陕西科学技术出版社

图书在版编目（CIP）数据

绿色植物的呐喊 / 叶榄，孙君主编 . —西安：陕西科学技术
出版社，2014.1（2022.3 重印）
（美丽地球·少年环保科普丛书）
ISBN 978-7-5369-6027-5

Ⅰ．①绿... Ⅱ．①叶... ②孙... Ⅲ．①濒危植物—少年
读物 Ⅳ．① Q948.1-49

中国版本图书馆 CIP 数据核字（2013）第 276682 号

绿色植物的呐喊

叶 榄 孙 君 主编

出 版 人	张会庆	
策 　 划	朱壮涌	
责任编辑	李 栋	

出 版 者　陕西新华出版传媒集团　　陕西科学技术出版社

西安市曲江新区登高路 1388 号陕西新华出版传媒产业大厦 B 座
电话（029）81205187　传真（029）81205155 邮编 710061
http://www.snstp.com

发 行 者　陕西新华出版传媒集团　　陕西科学技术出版社

电话（029）81205180 81206809

印　　刷　三河市嵩川印刷有限公司
规　　格　720mm×1000mm　　16 开本
印　　张　9
字　　数　118 千字
版　　次　2014 年 1 月第 1 版
　　　　　2022 年 3 月第 3 次印刷
书　　号　ISBN 978-7-5369-6027-5
定　　价　32.00 元

序　言

绿色植物
地球绝对不能少
抵抗风沙、保持水土
制造氧气、净化空气
提供生命所需资源
绿色
是生命的摇篮
也是生命的基石
谁都离不开
保护绿色、保护植被
就是爱护生命
爱护我们自己

环保专家的肺腑之言

叶　榄 中国环保最高奖"地球奖"获得者，中华慈善奖获得者，中国十大杰出青年志愿者，中国十大当代徐霞客，"墨子绿色与和平奖"、"林则徐禁烟奖"发起人。

人与自然的和谐是绿色，人与人的和谐是和平！

孙　君 中国三农人物，中华慈善奖获得者，生态画家，北京"绿十字"发起人，绿色中国年度人物，"英雄梦.新县梦"规划设计公益行总指挥。

外修生态，内修人文，传承优秀农耕文明。

阮俊华 中国环保最高奖"地球奖"获得者，中国十大民间环保优秀人物，浙江大学管理学院党委副书记。

保护环境是每个人的责任与义务！让更多人一起来环保！

封　宁 中国环境保护特别贡献奖获得者，"绿色联合"创始人，中国再生纸倡导第一人。

保护森林，保护绿色，保护地球。

史根东 联合国教科文组织中国可持续发展教育项目执行主任，教育家。

持续发展、循环使用，是人类文明延续的根本。

杨建南 中国环保建议第一人。

注重于环境的改变，努力把一切不可能改变为可能。

聆听环保天使的心声

王晨琛 "绿色旅游与无烟中国行"发起人,清华大学教师,被评为"全国青年培训师二十强"。

自地球拥有人类,环保就应该开始并无终止。

张 涓 中国第一环保歌手,中华全国青年联合会委员,全国保护母亲河行动形象大使。

用真挚的爱心、热情的行动来保护我们的母亲河!

郭 耕 中国环保最高奖"地球奖"获得者,动物保护活动家,北京麋鹿苑博物馆副馆长。

何谓保护?保护的关键,不是把动物关起来,而是把自己管起来。

臧英年 国际控烟活动家,首届"林则徐禁烟奖"获得者。

中国人口世界第一,不能让烟民数量也世界第一。

崔志如 中国上市公司环境责任调查组委会秘书长,CSR专家,青年导师。

保护环境是每个人的责任与义务!

陈开碇 中原第一双零楼创建者,中国青年丰田环保奖获得者,清洁再生能源专家。

好的环境才能造就幸福人生。

目录

第1章
植被的重要性

　　众所周知,森林是"地球之肺"。那么植被又是森林的什么呢? 原来啊,森林是由针叶林、阔叶林、草原、草甸和草本沼泽等七种植被类型组成的,可以说是组成"地球之肺"的毛细血管。那么,请跟着我来了解一下各种各样的植被吧。

破解叶子的秘密

课题目标

叶脉是叶片的密码。发挥你的解码天赋,找到叶片的密码,身体力行地展现你的解码能力。要完成这个课题,你必须:

1.和家长、老师或者好朋友一起合作。

2.需要了解叶片的不同叶脉。

3.身体力行,和朋友们一起寻找不同种类的叶片。

4.比较不同种类叶片的叶脉。

课题准备

可以与你的好朋友一起上网了解不同种类叶脉的形状,也可以向自然老师询问有关叶脉的知识。

检查进度

在学习本章内容的同时完成这个课题。为了按时完成课题,你可以参考以下进度表来实施你的侦探计划。

1.找到几种不同的叶片。

2.描绘出不同种类叶脉的形状。

3.比较不同种类叶脉的不同。

4.向老师了解更多有关叶脉的知识。

总结

本章结束时,可以和你的合作小组一起向老师绘画出不同种类的叶脉形状。

植被与土壤

　　我们都知道地球离不开植被，而植被又离不开土壤，就像我们人类的生存离不开水和空气一样。那么植被和土壤之间到底存在着一种什么样的关系呢？缺少了植被的土壤又会变成什么样子呢？

　　我们都知道，黄土高原是我国水土流失最严重的地区，黄河的水也是流经这里之后才开始变黄的，那么，黄土高原为什么会有如此严重的水土流失呢？

　　原来啊，黄土高原是世界上最大的黄土沉积区，而且黄土本身就有土质疏松的特征，再加上长期以来不合理的土地利用使得黄土高原植被遭到破坏，所以，该地区的水土流失问题十分严重。

　　如今，我们国家已经越来越深刻地认识到植被对巩固水土的重要性，在黄土高原种植了许多的人工林和人工草场，水土流失问题已经得到了控制。数据显示，当植被覆盖率达到 60%~70% 时，可以减少 90% 以上的

科学家通过采集甘肃等地的黄土高原的典型地质剖面里的黄土标本,获得了许多的孢粉样本。这些孢粉样本记录了公元前 4.6 万年至今黄土高原植被变迁的过程。经过分析,科学家们发现,在历史上,黄土高原是森林和草原相互消长的。也就是说,黄土高原最初并不姓黄,正是因为高原上植被的流失,才导致了如今水土流失的惨剧。

水土流失。也就是说,当我们种植的植被完全将黄土高原覆盖的时候,我们就能告别水土流失,将黄土高原改名为"绿地高原"了。

就像我们人类一样,在冬天里只有穿上暖和的羽绒服,才不会生病,而植被就像冬天里厚实的"衣服",只有大地母亲穿上这样温暖的"衣服",才不会"发烧感冒"。

为了保护大地母亲的"衣服",我们平时就要爱护身边的一草一木。

植被与气候

延伸阅读

欧洲曾在工业革命之后饱受大气污染之苦，伦敦更是一度被称为雾都。经过20世纪下半叶的产业革命和植树造林，欧洲部分地区的森林覆盖率已经达到了50%，有的城市甚至达到了80%。如今的欧洲重新回到了绿色的怀抱，空气质量也直线上升。

森林一直被称作"地球之肺"。我们都知道，肺是人体呼吸的器官，既然说森林是地球母亲的肺，难道就是说森林是地球的呼吸器官？

一棵椴树一天能吸收16千克的二氧化碳，150公顷的杨树、柳树等阔叶林一天可以制造100吨的氧气。想一想，一整片森林一年能制造出多少氧气？如果在城市里的居民平均每人占有10平方米的树木或者25平方米的草地，那么他们呼出的二氧化碳将会全部被吸收，从此再也不用担心气候变暖所带来的影响。

　　成片的森林还能调节自然界内部空气和水的循环，从而影响到气候的变化。森林里的平均温度比森林之外的地区要低 2~5℃。此外，森林对改善极端天气也能起到很大的作用。

　　我国新疆等地曾是风沙灾害的重灾区，每年春秋季节和田等地经常会被黄沙笼罩，气候恶劣。自 20 世纪七八十年代开始，当地政府开始植树造林，与风沙作斗争，到目前为止，当地的风沙灾害出现频率已经在逐渐降低。

　　随着全球气候的变暖和环境污染的加重，各国都加大了植树造林的力度，以期利用森林对气候的影响来给全球降温，吸收有害气体。

　　森林的生态系统能积蓄巨量的二氧化碳，是大气存储碳能力的两倍。

植被与动物

我们都知道,大部分的动物都是以森林、草原为家的。机灵的兔子,可爱的松鼠,凶猛的大灰熊,都是以森林为家的。而强壮的狮子,壮丽的角马群,则大多生活在辽阔的草原。各种各样的动物与植被有着什么样的联系呢?

植被群是所有动物包括人类最初的家园。可以说如果没有森林、草原,就不会有世界上种类繁多的动物。

森林植物种类繁多,是动物生存的基础。森林里空间高大、结构复杂,

草原动物跟森林动物的差别很大。

也是动物饮食、栖息、隐蔽的优良场所。由于森林生态的多样性，导致动物的成分很复杂，且以树栖种类占优势。特别是在树冠层发达的热带雨林，几乎大部分的陆生动物群落都能够找到树栖的代表。而在陆地上生活的动物如驯鹿、马鹿等则比较少。森林中因有常年的落叶形成落叶层，所以土壤中动物也相当丰富。这些动物统统都以森林为家，而为了适应这里的环境，森林中的动物往往听觉比视觉发达。

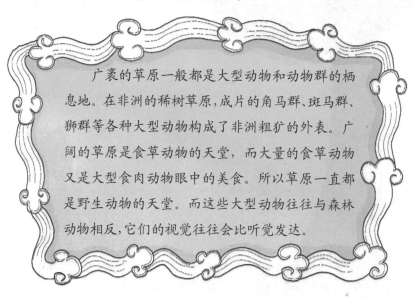

广袤的草原一般都是大型动物和动物群的栖息地。在非洲的稀树草原，成片的角马群、斑马群、狮群等各种大型动物构成了非洲粗犷的外表。广阔的草原是食草动物的天堂，而大量的食草动物又是大型食肉动物眼中的美食。所以草原一直都是野生动物的天堂。而这些大型动物往往与森林动物相反，它们的视觉往往会比听觉发达。

植被与人类

　　植被与人类同是自然界的组成部分，人类最初更是从森林中走出来的。可以说，人类离不开森林，但是森林却可以离得开人类。因为早在人类出现之前，森林就存在于地球之上了。

　　人类为了生存、发展，必然会向自然索取资源，但同时也会对环境产生影响。在人类发展的早期，我们对森林的利用主要是为了现成的食物，如狩猎、采集果实，那时我们对环境并没有明显的影响和破坏。

　　随着人类的发展、科学技术的进步和产业革命的到来，我们进入了工业时代。人类利用、改造环境的能力得到了空前的提高，人类在环境中已经从被动地位转变为了主导地位。我们开始大肆砍伐森林，侵占草原，把原本绿色的大地覆盖上钢筋水泥、草场田地。大肆地砍伐木材用于建筑和造生态环境一旦遭到破坏，需要至少几代人的努力才能够恢复，甚至有的永远不可能恢复。人类在开发利用自然的时候，必须小心再小心。环境已经向我们亮出"黄牌"，如果我们再不清醒，终将会被"罚出场外"。如果真有那么一天，即使我们的科技能够取得辉煌的成就，经济能够得到飞跃，可毁掉了这一切的根基，再多的成就又有什么用呢？

纸。

然而大自然对此并不是全然无动于衷，很快我们就尝到了环境遭到破坏的恶果。严重的污染和大量的二氧化碳排放加重了温室效应，水资源空前短缺，极端天气开始频繁发生，沙漠开始占领地球，大批的动植物物种正在走向灭绝。日益恶化的生存环境正在向我们提出严重的警告：要保护大自然，维护生态平衡！

知识的复习与拓展

　　学习了本章知识，大家已经了解到了植被与土壤、植被与气候、植被与动物、植被与人类的关系了。相信大家一定对植被有了很深的认识，在以后的日常生活中应该爱护身边的花草树木，呼吁身边的朋友保护环境，尽自己最大的能力保护环境。好了，小编问一些问题考考大家对植被的认识吧。

　　1. 什么是"地球之肺"？

　　2. 为什么松鼠、梅花鹿等动物大多以森林为家？

　　3. 森林生态系统积蓄二氧化碳的能力是大气储存能力的多少倍？

植物中的世界之最

1. 世界上最早出现的绿色植物是什么？
　　蓝藻是最早出现在地球上的绿色植物。

2. 世界上海拔分布最高的树木是什么？
　　目前人们发现的分布最高的树木是高山栎。

3. 世界上最小的有花植物是什么？
　　生长在水塘的无根萍，长 1 毫米，宽不到 1 毫米，有着针尖般大的花，是最小的有花植物。

4. 生长在陆地上最长的植物是什么？
　　分布在热带和亚热带等地的白藤是陆上最长的植物。

5. 世界上最高的树是什么？
　　生长在澳洲的杏仁桉树高达 100 多米，真可谓"参天大树"。

6. 世界上最低的树是什么？
　　最高不过 30 厘米的紫金牛生长在温带树林里，是世界上最低的树。

7. 世界上不怕火烧的树木是什么？
　　生长在我国南海一带，有一种叫海松的树不怕火烧。

植物喝的水去哪儿了？

大家都知道水和人们的生活息息相关，人们需要饮水止渴，用水洗衣做饭，用水排放生活垃圾，用水灌溉农田，等等，我们的一举一动无不与水联系在一起，水可谓是生命之源。大自然中的动物和植物也是如此，尤其是植物更需要大量的水分。下面就请大家跟我们一起做个实验，来看看我们的植物把喝掉的水弄到哪里去了。

一、实验准备

一个大大的透明塑料袋子、两株一样的带叶子的绿色植物(仙人掌除外)、几个橡皮筋。

二、实验步骤

1. 在早晨，取两株一样的带叶植物。

2. 将其中一株植物用透明袋子套上，并用橡皮筋扎紧(不要弄伤可爱的绿色植物哦)。

3. 将两株植物一同放置在阳光充足的地方。

4. 下午时观察两株植物的变化。

三、观察

观察有袋子的植物，发现在塑料袋的内壁上，有小水珠和水雾，而无袋子的植物无明显变化。

四、推测

由套袋植物的塑料袋的内壁上，有小水珠和水雾，说明了在太阳光的照射下，植物身体内的水分被蒸发出来了。

五、结论

通过小实验的现象分析，可见植物"喝"的水，一部分留在植物的"身体"里，一部分被蒸发了，植物体内的水也是不断循环的。

由小实验可知水对植物来说很重要，所以，同学们在保护身边的花草树木时，也要珍惜我们的水资源啊。

今天真高兴！

太阳这么晒，你还这么高兴！

你不懂，这叫光合作用！

今天去植树吧。

植树有好处吗？

植树是一种道德的光环。

那我把这光环让给你吧！

●考试

植物学你考了多少分?

我考了90分!

你考了90分为什么还哭?

因为其他同学都比我考的分数高。

●作弊

森林是地球之肺你都不知道吗!

不过,那也说明你考试时没有看别人的。

也不是!

是我脖子不够长。

第2章
地球上的植被

在地球圆圆的表面上，生长着各种各样的植被。那么，构成植被的植物们是怎么分类的？这些可爱的植物们又是怎样进行光合作用来"填饱"自己"肚子"的呢？想要知道答案吗？

盘点小区树木的种类

课题目标

大家居住的小区生长着各式各样的树木,那么,大家知道自己所在的小区到底有多少种树木呢? 要完成这个课题,你必须:

1.和家长、老师或者好朋友一起合作。

2.需要了解怎样区分不同的树木。

3.在活动中不破坏树木。

4.思考一下怎样保护树木。

课题准备

可以和你的同伴一起上网了解关于树种的知识,也可以自己翻书查找,或者向老师请教相关知识。然后和同伴一起在自己的小区里作调查,并记下有多少树的种类。

检查进度

在学习本章内容的同时完成这个课题。为了按时完成课题,你可以参考以下进度表来实施你的探寻之旅。

1.查出小区树木的种数。

2.学会区分不同的树种。

3.在查数中,了解树的相关知识。

4.呼吁大家保护树木。

总结

可以向其他伙伴展示一下你们团队的成果,可以相互比对一下。

植物是如何分类的？

我们知道地球上有森林、草原、苔藓、花草等，这些统统都可以称为植被。植被，就是覆盖于地表的植物群落的总称。

在我们人类出现以前，地球上就已经有了植被。植被在土壤的形成过程中起着重要的作用：不同的气候条件下，各种植被类型与土壤类型有着紧密的关系。植被是能够进行光合作用，将无机物转化为有机物，独立生活的一种自养型生物。在自然界中，已经被我们知道的植物大约有40余万种，它们分布在地球的各个角落，以各种各样的奇特方式生存。

如果以植物茎的形态来分类的话，植物可以被分为乔木、灌木、草本植物、藤本植物。

乔木是指植物有一个直立主干，并且成熟后主干能够达到3米以上的多年生木本植物。与低矮的灌木相对应，通常我们见到的高大树木都是乔木，如松树、梧桐、杨树等。乔木按照冬季或旱季是否落叶又分为落叶乔木和常绿乔木。

灌木指的是没有明显的主干、呈丛生状态的木本植物，高度一般都在3米以下。有的灌木也有明显的主干，比如麻叶绣球、牡丹等。常见的灌木有玫瑰、杜鹃、牡丹、黄杨、连翘、月季、茉莉等。

植物的分类是一门专门的科学，我们这里讲的只是比较浅显的常用分类方法。还有许多分法是更加细致更加复杂的。依照范围大小和等级高低，植物分类的各级单位依次是界、门、纲、目、科、属、种。每个等级内如果品种繁多还可以细分为一个或两个次等级，如亚门、亚纲、亚目等。

草本植物因为茎内含木质细胞少，全株或地上的部分容易萎蔫或枯死，如菊花、百合、凤仙等。草本植物又可以分为一年生草本植物、两年生草本植物和多年生草本植物。

藤本植物我想大家都应该明白吧。茎很长而又不能直立，依靠依附他物而向上攀升的植物就被称作藤本植物。我们常见的牵牛花、豌豆甚至西瓜，都是藤本植物。藤本植物又因为茎的性质而分为木质藤本和草质藤本两大类，常见的紫藤就属于木质藤本植物。

植物的另一种分类方法是按照植物的生态习性来分类。生长在陆地上的植物就叫陆生植物，生长在水中或部分沉浸于水中的叫作水生植物。如荷花、睡莲都是水生植物。而有些植物不跟土壤接触，但它们能够自己进行光合作用，不需要吸取其他植物的养料维持生命，它们被叫作附生植物。在热带雨林里，这种植物非常常见，大多生长在树皮或树丫上。而跟附生植物相反，有一种寄生植物是靠吸取其他植物的养料来生存的，它们是植物界里的寄生虫，会对寄主造成很大的危害。桑寄生、菟丝子等就是植物界臭名昭著的寄生植物。

目前地球上已经发现的植物物种有40余万种，正是因为有这么多不同种类的植物，才会把我们的地球装点得绚丽多彩，给我们的地球穿上了美丽的绿色大衣。

植物的光合作用到底是怎么工作的?

最早的时候,人们一直以为植物体内所需要的营养物质都是从土壤中获得的,植物并不能从空气中获得什么,后来才知道植物仅仅依靠泥土是不可能生存下来的,光合作用才是植物赖以生存的本钱。那植物赖以生存的光合作用到底是怎样工作的呢?

所谓的光合作用是指植物、藻类等生产者和某些细菌能够利用光能,将二氧化碳、水或者是硫化氢转化为碳水化合物。光合作用可以分为产氧光合作用和不产氧光合作用。

一般的植物所进行的光合作用大多是产氧光合作用。植物之所以被称为食物链的生产者,是因为它们能够通过光合作用,利用无机物生产有机物并且储存能量。通过食用,食物链的消费者可以吸收植物所贮存的能量。对大多数生物来说,这个过程是它们赖以生存的关键。

植物与动物很大的不同点是植物没有消化系统。因此植物必须依靠其他的方式来摄取营养维持生存,就是我们所说的自养生物。对于绿色植物来说,在阳光充足的白天,它们会利用阳光的能量

来进行光合作用,以此获得生长发育必需的养分。

而完成这个过程的关键物质就是植物中的叶绿体。叶绿体在阳光的作用下,会把经由气孔进入叶子内部的二氧化碳和由根部吸收的水转变为葡萄糖,同时释放出氧气。

在这个过程中,光照是光合作用的条件之一。光合作用其实就是一种化学反应。光合作用的速率会随着光照的变强而加快,但超过一定范围之后,光合作用的速率增长就会变慢,直到不再增加。二氧化碳是绿色植物光合作用的原料,它的浓度高低影响着光合作用的进行。在一定范围内提高二氧化碳的浓度会提高光合作用的速率。当然跟光照一样,提高二氧化碳浓度对光合作用速率的提高作用也是有限的,因为光反应的产物是有限的。水分也是光合作用的原料之一,缺水的时候同样会使光合作用的效果变差。

研究光合作用的内在过程,对农业生产、环保等都会起非常重要的作用。因为光合作用是最基础的植物生长的原理,知道了影响光合作用速率的一些因素,可以使我们更有目的性地催化植物的光合作用,使植物更快地生长,以提高农作物的产量。

而了解了光合作用,了解了植物呼吸的产物之后,人们也可以更好地布置家居摆设,更好地对植被进行保护。

绿色植被——
编织生命的摇篮

陆生植物具有更强的生产能力,而且以海生藻类无法比拟的生产力制造出了糖类。因此,植物的登陆是地球发展史上的一个伟大事件,甚至可以说,如果没有植物的登陆,就没有今天的世界。绿色植物在地球上的出现不仅推动了地球的发展,也推动了生物界的发展。因为所有的动物都是直接或间接地依靠植物才能获得生存和发展的。

我们知道地球上是先有植物后有动物的,所以我们常用绿色代表生命,因为只有有了植物,才有生命存在的可能性。下面就让我们来了解一下地球上植物的进化史吧!

地球上的植物最早出现在 30 亿年前。最初的植物的结构非常简单,种类也非常贫乏,并且它们都生活在水域里。海洋中最早出现的植物是蓝藻。地球上出现的蓝藻数量极多,而且繁殖特别快,在这些蓝藻的新陈代谢过程中,会产生大量的氧气。

因为气候的变迁,生长在水里的一些藻类被迫要接触陆地,经过漫长的时间之后它们逐

渐演化为蕨类植物，这一时代之后便出现了裸子植物。再经过漫长的时间，被子植物也快速发展了起来。这个时候，地球表面植物的面貌已经与我们现代的植被面貌非常接近。自新生代以来，被子植物在地球上占据着绝对的优势。已知的被子植物有20万种，占植物界的一半。

植物就是在这样漫长的岁月中，经过巨大而又复杂的过程，几经兴衰，由低级到高级、由简单到复杂、由水生到陆生，逐步形成了如今五彩缤纷的植物界。

地球上最早的陆生植物化石表明，早在距今4亿年前，植物已经开始由海洋移到陆地。植物的装点改变了陆地一片荒漠的景象，也改善了全球的生态系统。

除了推动地球和生物界的发展和进化，就连地球表面土壤的形成也都有地表植被的参与。植物和别的生物死亡之后，尸体经过微生物的分解，部分养料可以供植物再利用，而另一部分则会形成腐殖质，从而使土壤变成具有一定结构和肥力的基质，经过长期的反复，使土壤成熟。成熟后的土壤可供植物和动物在其上繁衍，能够形成一定的生物群落。

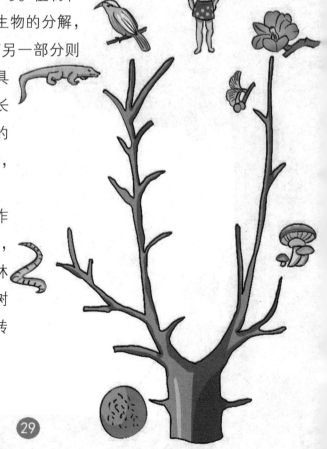

而根据科学考证，我们人类作为一种在地面上生活的哺乳动物，最初也是由在森林中生活的森林古猿开始演变的。森林古猿经过树上生活的磨炼才具备了向人类转变的潜能。

地球上最壮观的植被景观——森林

提到绿色的植物和茂密的树木，大家第一个想到的就是森林。森林往往是许多动物和植物物种的栖息地，也是动植物的乐园。那森林里究竟有哪些物种，森林对我们人类、对地球又有什么样的影响呢？

有人作过一个调查，在一个比较简单的温带阔叶林里，可以有种子植物700多种，蕨类植物10多种，蘑菇、苔藓等低等植物3000多种；除此之外，还有3000多种哺乳动物，70多种鸟类，5种两栖类动物，5000多种昆虫，数千种其他的低等植物。

森林其实并不仅仅是简单的树木的集合，更是林木、伴生植物、动物及其与环境的综合体。目前，森林涵盖了大约40%的地球陆地表面。这些植被群落覆盖着全球的大部分面积，对二氧化碳的下降、动物群落、调节水文湍流和巩固土壤等都起着至关重要的作用。

什么？

我们都知道,植物光合作用的过程,是一个吸收二氧化碳、排放氧气的过程。在森林中,这么多的植物同时进行光合作用,产生的氧气量简直是不可想象的。而且植物在进行光合作用的过程中,还能够吸收一定数量的有害气体。

覆盖在大地上的郁郁葱葱的森林,是我们拥有的最宝贵的"绿色财富"。当我们步入苍翠的林海里,会骤然间感到舒适,清新的空气会让人为之一振。森林中的绿色,不仅给大地带来秀丽多姿的景色,而且它能够通过人的视觉、听觉、嗅觉来作用于人的中枢神经,从而调节和改善我们人体的功能,使人们更加健康。科学家根据实验证明,绿色对光的反射率达到30%~40%,这对我们眼睛的视网膜的刺激恰到好处,而且绿色还能够消除阳光中对人眼有害的紫外线。

在电视里,我们经常能看到一些寺庙和道观会建在深山丛林中,而里面所谓的"世外高人"往往长寿。这其实也跟他们长期生活在森林里有一部分关系。根据调查,绿色的环境能在一定程度上减少我们体内肾上腺素的分泌,降低人体交感神经的兴奋性。也就是说能让我们平静、舒适,而且能够使我们人体的表面皮肤温度降低1~2℃,脉搏能够每分钟减少4~8次,能够增强人体的听觉和思维活动的灵活性。

森林不管是对于我们人类自身,还是对其他动植物都有着十分重要的意义。

经常看绿色的东西,能够消除我们眼部的疲劳,爽朗精神,对保护我们的眼睛有很好的作用。

储存二氧化碳的大仓库
——草原

"离离原上草，一岁一枯荣。野火烧不尽，春风吹又生。"这可能是我们大多数人对草原的最初认识。那是不是所有的草原都是这样的呢？地球上的草原又有什么不同呢？

其实上面的诗句说的只是中国北方的草原，广义上的草原有热带草原和温带草原之分。

草原是地球上最大的碳储库之一，占地球上有机碳总量的33%~34%，也是受我们人类活动影响最为严重的区域。主要分布在欧亚大陆的温带，是由低温、旱生、多年生草本植物组成的生态系统。自多瑙河下游起经罗马尼亚、前苏联、蒙古，直达我国东北等地，是世界上最宽广的草原带。草原上的降水量一般都很少，降水量在20~500毫米之间，且多集中于夏季。

非洲全洲总面积的40%均为热带草原，这里是世界上最大的热带稀树草原分布区，生活着许多的食草和食肉动物，如羚羊、斑马、犀牛、长颈鹿、狮子、猎豹，等等。这里的草原景观随季节的改变变化十分明显。每当

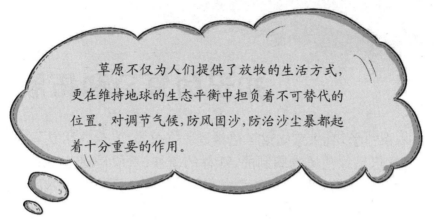

草原不仅为人们提供了放牧的生活方式，更在维持地球的生态平衡中担负着不可替代的位置。对调节气候，防风固沙，防治沙尘暴都起着十分重要的作用。

湿季来临，草原到处郁郁葱葱、生机盎然；而当旱季到来的时候，则树木叶落，草地枯黄，生活在这里的许多动物都会因为食物和水分的不足而进行长距离的大迁徙。每年的 5~6 月，坦桑尼亚大草原的青草逐渐被消耗殆尽，漫长的旱季让动物们饥肠辘辘。角马、瞪羚、斑马等数百万头食草动物为了生存从坦桑尼亚塞伦盖蒂国家公园北上，跋涉 3000 多千米，进行迁徙。

而距离我们更近的，是温带草原。在我国的内蒙古、东北和蒙古国地区大都有温带草原分布。内蒙古草原是我国温带草原的主体，生活在这里的蒙古族百姓以牧马、牧羊为生，过着逐水草而居的日子。温带草原上的主要动物有蒙古兔、草原狼、黄羊等。

知识的复习和拓展

通过本章的学习,大家知道了植物是怎样分类,光合作用是怎样进行的,生命的摇篮是绿色植物编制的,森林的植被、草原是储存二氧化碳的最大仓库。那么,小编姐姐就想考考大家看得认不认真。好了,大家一起看看下面几道题吧。不会的题,记得要再翻一下书哦。

1.按照植物茎的形态来分的话,植物可以分为几类?

2.能够进行光合作用的植物有哪些?

3.植物最先出现在海洋里还是陆地上?

4.绿色对光的反射率能达到多少?

5.世界上最大的热带稀树草原分布在哪个洲?

花语

大家知道花儿也有"语言"么? 其实呀,不同种类不同颜色的花儿代表着不同的含义。下面就为大家介绍几种花语吧。

黄玫瑰:代表纯洁的友谊和美好的祝福。是送给朋友的一份不错的礼物。

橙色玫瑰:羞怯,献给你一份神秘的爱。

绿玫瑰:纯真简朴、青春长驻。可以送给妈妈哦。

蓝玫瑰:清纯的爱和敦厚善良的感情。

一枝花:代表着独一无二。

两枝花:相遇是缘分,友谊长存。

三枝花:代表着美丽的爱情。

七枝花:无尽的祝福。

十一枝花:一心一意。

知道了这些,下次大家送花时,就可以按照不同的"花语"将心意传送给对方了。

制作七彩叶片书签

看到市场上各式各样的书签,你是不是心动了呢? 想不想自己亲手制作一个呢? 下面小编姐姐就教大家用叶片制作书签。这种书签五彩缤纷,既经济环保,又美观可爱。

要完成这个课题你必须:

1. 和家长、老师或者好朋友一起合作。

2. 捡拾不同颜色的叶片。

3. 不要破坏花草树木。

4. 准备几本厚厚的书。

准备活动:

和同伴一起捡拾没有破损的完整叶片,最好叶片带有叶柄,而且最好是五颜六色的哦。

制作方法:

将捡拾的叶片夹在厚书中,再用另一本书压在这本书上,放置 4 ~ 5 天。取出干燥变平的叶片,在树叶的叶柄处系上彩绳,打结制成书签。

当大家恋恋不舍地放下心爱的书,再用一片自己亲手制作的七彩书签夹在书里的时候,有没有从心底里冒出一份喜悦呢? 而且,和同伴一起自己动手制作书签的过程中是不是很快乐呢? 尽情享受七彩书签给你带来的欢乐吧。

● 多动症

您的孩子上课小动作很多。

我认为他得了多动症。

他又不是植物。

生命在于运动嘛。

他分不清运动与多动的区别吗?

● 与树对话

我迟到了。

你怎么又来晚了?

乘坐的公交车撞了一棵树,为了安慰它,我跟它说了一会儿话!

●学习方法

这倒霉孩子,怎么就不知道学习呢?

我已经找到学习的好方法了。

吃书,吃的是书,拉的是知识,反正书纸是树做的,好消化。

●拥挤

终于到植物园了!

人都要被挤肿了。

不是。

是衣服被挤瘦了!

第3章
你了解植物吗?

大家都知道,人类有性别,要睡觉,要排泄,有感情,那么植物呢? 植物是不是和人类一样,有男女之分,要睡觉,要休息呢? 下面这一章就要向我们介绍不会吃饭、不会说话的植物是怎样交流和休息的。

寻找树的"高矮胖瘦"

课题目标

人有高矮胖瘦,那树呢? 世界上的树,有的高,有的低,有的胖,有的瘦小。那么,我们今天的课题就是寻找形态各异、高低不同的树。然后统计一下高的、低的、胖的、瘦的都是哪些树。

要完成这个课题,你必须:

1.和老师、家长或者小伙伴一起合作。

2.需要了解有关树的一些知识。

3.要身体力行,和小朋友一起在小区附近寻找。

课题准备

可以和同伴在网上或者去图书馆查询资料,也可以在自己住的小区附近寻找。

检查进度

在寻找之旅中,有以下问题需要我们大家探索到答案。

1.哪些地方大多生长着高大的树木?

2.低矮的树木大多生长在哪里?

3.是不是越粗的树"年纪"越大?

4.把找到的树木分成"高、矮、胖、瘦"4 种。

总结

在活动结束时,向家人或者其他的小伙伴展示你们团队的劳动成果,分享你们的胜利果实。

植物也有性别之分

植物作为自然界最重要的组成部分之一，不管是和人还是与动物之间，都存在着息息相关的联系。既然人和动物都有性别之分，植物又怎么会没有呢？

早在 3000 多年前，人们在种植农作物的时候就发现了同一种植物之间的分别，因此在那个时候人们就觉得植物也是分"男、女"的。一直到1649 年的时候，德国的学者卡姆雷斯发表了一篇题为《植物的性别》的文章，人们才开始认识到植物真的是有性别的。那么植物的性别到底如何区分，又该叫作什么呢？

这些问题直到近代，随着科学家的研究和发现才有了定论。植物的性

你们谁是男的？

别器官在近代被称作雌蕊和雄蕊。但是让人觉得奇怪的是,在一定的环境下,植物是可以从雄性变成雌性的。这样一来,不同物种,甚至是相同的植物,它们的性别就不能统一了。因为现在说它是雄蕊,没准哪天它一个心血来潮就会变成雌蕊。一般按照人们的理解,雄蕊是植物的生殖器官,雌蕊是植物的繁殖器官。

如果一株植物身上只有一种性别的花蕊,那么对人们来说还是比较容易分辨的。雌蕊就是雌株植物,雄蕊就是雄株植物。但你可别小瞧了植物,它跟我们人类可是有很大的不同的,很多植物都是雌雄同花,一株植物上既有雄蕊也有雌蕊。甚至有的植物上既有雌蕊又有雄蕊还有雌雄同蕊三种性别。

总而言之,植物不仅有性别,而且性别非常复杂。只是由于它们的花蕊大多很小,很难被人发现罢了。

植物也需要睡眠

生活中的人和动物，大都遵循着白天活动、晚上睡觉的规律。即便有些动物是在夜里活动，也需要在白天休息。那么植物需要休息吗？

答案是肯定的。每逢晴朗的夜晚，如果我们仔细观察就会发现，其实一些植物已经睡着了。比如合欢树的叶在夜晚会折合起来，不再吸收阳光，这其实是植物进入睡眠的典型现象。许多豆科植物的叶子都会在夜晚的时候闭合。

不仅植物的叶子需要睡觉，大部分的花朵也需要睡觉。花园里的月季、池塘里的荷花等等都会在夜幕来临之前收起花瓣，而当第二天的阳光重新照耀大地的时候，它们又会重新绽放。

不同的叶子和花，睡觉的"姿势"也是五花八门的。胡萝卜的花睡着之后会把"脑袋"垂下来，像个小老头；花生的花朵却会在闭合之后伸向空中。还有的花会在夜里开放，比如晚香玉，它们是有名的夜猫子，白天睡觉，到了晚上开放，为的是让夜间活动的飞蛾为它们传播花粉。

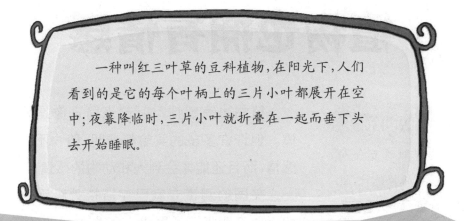

一种叫红三叶草的豆科植物，在阳光下，人们看到的是它的每个叶柄上的三片小叶都展开在空中；夜幕降临时，三片小叶就折叠在一起而垂下头去开始睡眠。

那植物为什么要睡觉呢？关于这个问题，最早的时候生物学家达尔文就有过猜测：睡眠运动对植物的生长有好处，可以保护植物的叶片免受冻害。这种看法最初没有受到重视，可是近代以来有科学家测试出水平的叶片比竖起的叶片温度要低 1℃，从侧面证实了达尔文的猜测。

哇！它们睡着了！

植物也拥有情感

延伸阅读

全球极端天气越来越多，根据统计，过去几十年里，极寒天气出现的天数很少，极热天气出现的天数在增加，强降雨事件也在频繁发生，而且是增加了1倍还多。

植物也有感情？听起来简直像是天方夜谭。但许许多多的实验都证明，植物不但有着感情，而且还能体会到人和动物的感情！

美国的测谎专家巴克斯特曾经因为一时的心血来潮把测谎器接在了牛舌兰的叶子上，结果有了惊人的发现。当给它浇水的时候，测谎器上显示植物的反应跟人一样兴奋，这让巴克斯特大吃一惊，并下定决心调查植物是否跟人一样拥有情感。他先是在脑子里想"如果用火烧它的叶子会怎么样呢？"就在他产生这个想法的一瞬间，测谎器的指针出现了剧烈的摇摆，和人感受到危机的反应一样！但是他当他假装要烧叶子时，植物却完全没有反应。这也就间接证明了植物是知道人的意图的！此后的巴克斯特开始了一系列的实验来证明"植物也是有感情的"这一结论，并将此称为"巴克斯特效应"。甚至后来还证明，植物能够跟精心照看它的人发生感应。

　　另一个实验则被用来证明,植物甚至可以与其他动物发生交往。当巴克斯特把几只活虾丢进沸腾的开水中的一瞬间,植物会陷入极度的刺激之中。并且多次的实验得到的都是可重复的结果。为了排除其他因素的干扰,尽量得到更加可靠的数据,巴克斯特专门设计了一种新的仪器,不再按照固定的时间,而是随机地把虾投进沸水中;与此同时,在另一个房间放入一棵植物,并使得它们各自都与仪器的电极相连接,记录实验的结果。结果当实验结束,巴克斯特推开门逐个查看实验结果时发现,每当活虾被投进沸水中 6~7 秒后,植物的活动曲线便会急剧上升,这种上升跟虾的反应状态完全一致! 这个实验表明植物不但有感情,而且植物之间甚至植物与动物之间是可以进行感情交流的。

植物也像人和动物一样需要排泄

延伸阅读

植物的排泄途径其一是蒸腾作用，由水带走废物，类似于人出汗，多余的无机盐也可以由这一部分水带走；其二是落叶乔木也可以由换季落叶带走废物；其三是根有时也能带走废物，养水培植物时换水就是这个道理；其四是植物还有呼吸作用，呼入二氧化碳，排出氧气。

人类和动物都离不开食物，它们和植物同样也离不开水和阳光。人和动物所吃的食物最终会通过消化排出体外。那么植物呢？

植物在生长过程中会和所有的动物和人一样产生废物，当然也需要把这些对于它来说没有价值的东西排出体外。但是植物并没有像动物一样的排泄器官，所以植物的排泄方式比较特殊，如果不仔细观察的话大家是发现不了的。

如果我们拿一个塑料袋套在植物上，经过一段时间之后我们就会发现塑料袋里面布满了水珠。而这些水珠其实就是植物的排泄物。植物每天吃下去的"食物"其实就是二氧化碳和水。这些二氧化碳经过光合作用，就会产生维持植物自身生长所需要的能量，而那些光合作用的产物——水和氧气就会被植物当作废料通过植物叶片上面的气孔排放到空气中去。

其实除了大多数植物都会排放的水和氧气之外，植物和植物之间的排泄物也会有所差别。比如一些热带地区的树会把乳胶、橡胶这种东西当作废弃物排泄出来。植物的这些排泄物对于植物来说都是没有作用的，是生长过程中自然产生的废弃物，但是对于我们来说每一种都有大用处。水分和氧气自不必说，橡胶和乳胶能够为人类提供生产的原料，而且种植这些植物也会产生巨大的经济效益。

植物的排泄不但对于人类有许多用处，还会影响当地的生态、环境等。可以说是好处多多呢。

哇！植物也会排泄？

知识的复习和拓展

学习了本章知识,相信大家对植物的性别之分、植物的睡眠、植物的感情、植物的排泄等新奇的知识有所了解了吧。其实呀,植物和人类是一样的,我们都是大自然组成中的一部分。所以,在平时的日常生活中,我们要带着一颗爱心去对待大自然里的一草一木。那么,下面请大家做题来检测一下自己吧。

1. 大自然的植物有哪几种性别?

2. 胡萝卜和花生的花朵睡觉时的姿势是怎样的?

3. 是谁第一个发现植物也是有情感的?

4. 植物的"排泄物"对植物还有没有作用呢?

5. 植物的"排泄物"有哪些?举出一两例。

凶猛的食肉植物

你知道吗?在无奇不有的大自然里,还有不吃素反而吃肉的植物呢。在一些土壤贫瘠,特别是缺少氮的地方,比如说酸性的沼泽和沙漠化的地方,就有一些专门喜欢吃肉的植物。当然这些吃荤的植物也不会吃一些"庞然大物"似的动物,例如狮子、老虎等,这些"不安分"的植物们大多捕食一些昆虫和节肢动物。它们或者生长得艳丽多姿,或者有奇异的香味,用来吸引"路过"的飞蛾昆虫等。在大自然中,越是美丽的东西越危险,例如鲜艳美丽的猪笼草,还有捕虫堇,等等,这些能够吸引和捕捉小昆虫的食肉植物,分布于10个科21个属,有630余种呢。同学们,绚丽多姿的大自然创造出这么多样的物种,是多么的"鬼斧神工"啊!

会变色的红喇叭花

春天来了,花园里、街道旁,到处开满了红的、粉的、紫的、黄的花,娇艳可爱。那么,聪明的你,知道为什么花儿是如此的五颜六色吗?原来啊,花瓣的细胞里含有花青素和胡萝卜素。红、蓝或紫色的花,主要是由于花里含有花青素才呈现如此美丽的颜色。今天呢,我们就做一个关于花儿变色的小实验。

准备活动:

一些红色的喇叭花(一定是红色的哦),两个小盆子,肥皂,醋。

实验方法:

在两个盆子中,一个放入肥皂水,一个放入醋。再取出一朵美丽的红喇叭花。将红喇叭花放入肥皂水中,等一会儿再拿出花。见证奇迹的时刻到了:红色的喇叭花竟然变成了蓝色的喇叭花!然后,再将蓝色的喇叭花放入醋中。天啊,蓝色的喇叭花竟然神奇般地恢复成了红色!

你心中一定有一个大大的问号,这究竟是为什么呢?原来,红色、蓝色或紫色的花,是由于花里含有花青素才呈现出这样的颜色。而花青素是一个小"变色龙",遇到酸就变红,遇到碱就变蓝。同学们还可以找蓝色或者紫色的花儿们来试一试。

大自然是不是很神奇呢?我们要努力学习科学文化知识,探索更多关于大自然的秘密。

● 游泳

你怎么站着不动啊!

你这个植物人,我说要游泳!

温泉洗浴也能游泳啊!

● 被子植物

我现在检查一下你的作业。

怎么连被子植物是什么都不知道?

当然知道了!

不就是盖着被子的植物么?

● 不想上课

快要上课了,你还出去?

这节植物课我不想上了。

为什么?

植物需要饮食,我也饿了,所以要去食堂吃饭。

● 拒绝作弊

你又在看有关植物的书啊。

这个送给你,考试的时候让我看看吧。

不行。

为什么?

因为老师强调不允许考试作弊。

第4章
正在变色的地球

我们都知道，地球原本"裹"着一件厚厚的绿色大衣。可是，随着工业革命的到来，地球"生病"了。绿色"大衣"慢慢变小，"水泥森林"不断和绿色植被抢"地盘"，人类的战争也不断给地球带来"创伤"，等等。快来了解日益"衰弱"的地球吧。

寻找各种颜色的花儿

课题目标

　　细心的你一定会发现花儿们是五彩缤纷的。那么，花儿是什么颜色都有么? 大多数是什么颜色的呢? 这就需要大家动起手来寻找一下,看看我们周围都有些什么颜色的花儿。要完成这个课题,你必须:

　　1.和家长、老师或者好朋友一起合作。

　　2.需要用笔把花儿的颜色记录下来。

　　3.需要在小区花园里转转。

　　4.在探寻之旅中不要破坏花草树木。

课题准备

　　你可以和小伙伴一起上网查资料，或者去图书馆翻阅资料，也可以在公园或小区附近观察。

检查进度

　　在你们团队的探寻之旅中要完成以下目标或问题:

　　1.记录下找寻到的花儿的颜色。

　　2.统计一下找到了多少种颜色。

　　3.什么颜色在花儿们中最常见?

总结

　　和老师或者家长、其他小团队分享一下你们的成果，相互交流一下探寻之旅的趣闻轶事。

正在变破的绿色大衣

地球上40%的陆地都被植被所覆盖，正是因为有了这件绿色的"大衣"，地球才会因此而变得美丽，居住在陆地上的我们才会感到幸福愉悦。可是，如今这件绿色的大衣正在因为各种原因而变得千疮百孔，各种动物也开始逐渐消亡。这是怎么回事呢？

如今我们面临的最重要的环境问题之一就是合理地利用土地以及自然资源，使我们的社会能够可持续地发展。但不幸的是，目前世界上大多数的地方都还没有建立起合理利用土地的观念。我们所处的环境正在以前所未有的速度发生着剧烈的变化。人类活动正在快速改变着地球的面貌，地球上的植被覆盖率正在变得越来越小，地球的绿色大衣正在不断地被人们破坏。

随着人口的增加和社会的发展，人类活动导致的日益增加的污染正在不断地改变着地球，这种改变足以与长期的地质作用相匹敌。

我们都知道，森林是生态系统中的重要支柱。在1990年，森林及稀疏的丛林和灌木林所覆盖的面积是51亿公顷，约占地球陆地面积的40%，其中34亿公顷是属于联合国粮农组织定义的"森林"。从联合国粮农组织于20世纪90年代初所进行的评估来看，全球森林面积的减少主要发生在20世纪50年代以后，其中

54

1980~1990 年间全球平均每年损失的森林为 995 万公顷,约等于一个韩国的面积。1950 年以来的半个多世纪里,全球的森林已经损失了一半。尤其是近 30 年以来, 发达国家对全球的热带雨林进行了大规模的开发,使森林面积迅速减少。

森林是地球的温度调节器,当这个调节器遭到破坏的时候,可以想象我们的地球正在遭受怎样的极端天气。近年来地球上夏季的旱灾、洪水,冬季的暴雪、寒潮,无一不是森林遭受破坏引起生态失衡所造成的后果。

欧洲国家从非洲进口木材,美国从南美洲进口木材,日本从东南亚进口木材,导致非洲、南美洲、东南亚大量的森林被砍伐。到 2000 年,森林面积下降到了只占地球上陆地面积的 16%。按此速度,170 年以后,全球的森林将会消失殆尽。全球热带雨林的面积正在以每年 2.2%的速度递减。

与植物抢夺土地的"水泥森林"

如今我们生活的城市，几乎很少能够看得到泥土。随着人类社会的城市化，越来越多的地方被水泥所覆盖。几乎很难想象在人类出现以前，陆地上90%的地方是被绿色所覆盖的。那么这种情况会造成哪些影响呢？我们人类的这种行为到底是对还是错呢？

也许如今的人们已经越来越多地开始习惯于城市的钢筋水泥，但其实城市的水泥化在给我们带来便捷、舒适的同时，也会产生很大的问题。

所谓的城市"水泥化"指的是用混凝土、沥青、花岗岩、水泥等一系列的建筑材料来硬化城市的现象，包括我们的道路、墙面、屋顶，等等。我们做这种硬化的初衷是要美化城市，减少城市中的粉尘污染，提高城市的清洁度。然而这种水泥化带来的后果却是城市的热岛效应，增加了粉尘的治理难度，使水体的水质恶化、城市被噪音所污染，居住的舒适程度下降。

与其他影响城市环境的因素相比，城市的水泥化是涉及面最广、带来的问题最为广泛的。首先是水泥化的建筑材料会吸收大量的太阳辐射，在夏季的阳光照射

下，混凝土平台的温度比气温高 8℃，屋顶和沥青路面的温度比气温高 17℃。这就导致当夏季来临的时候，城市往往会因为热岛效应而使得温度更高，更容易受到高温天气的考验，有时甚至不能在夏季中午出门。而在乡村则不会有这样的问题。

城市水泥化的第二个影响就是水泥化的表面会反射热和噪音，这就使得本来就嘈杂的城市环境被反射得更加突出，人们往往会被噪音的污染所困扰。此外，水泥化的河道、河岸和湖泊会使水体丧失自净功能，使水体的生态系统遭受毁灭性的打击。

遗憾的是，现在的人们普遍认为城市化就是水泥化，只有高楼大厦、钢筋铁骨、柏油路才是城市该有的面貌，才是经济发展、社会进步的体现。仍然有越来越多的城市、乡村被水泥所覆盖，城市扩张到哪里，水泥就会被铺到哪里。在 2000～2004 年间，我们国家的城市建成区总面积增加了30%，达到了 7967 平方千米。又有这么多的土地被水泥覆盖了。

我们需要尽快走出城市化即水泥化的误区，把土地还给植物，把河水还给土壤，把我们生活的空间还给绿色。只有人类与自然和谐相处，才是最自然、最科学的发展道路。

森林的消退

森林的消退，要从人类发明了斧头开始说起。从刀耕火种的原始生活方式，到如今专业的伐木工人，森林的消退无不和人类有着密切的关系。

根据资料显示，在历史的文明初期，地球上 2/3 的地区都被原始森林所覆盖，有将近 7600 万平方千米；到 19 世纪中期，这个数字减少到了 5600 万平方千米；20 世纪末为 3440 万平方千米，覆盖率由 2/3 下降到了 27%。而根据 2003 年的数据统计，原始森林面积为 2800 万平方千米。显然，这个数字如今仍然在继续降低。由此可见，近现代以来，森林面积消失的速度实在惊人。

1960~1990 年全球丧失了 450 万平方千米的原始森林，其中 1980~1990 年间平均每年都要损失 9.95 万平方千米的原始森林。根据统计，2003 年以来我们每年要损失 16 万 ~20 万平方千米的原始森林。

我国的森林覆盖率只有 16.55%，约为世界平均水平的一半，远低于世界上大多数的国家。由于环保意识淡薄，大规模的盲目开采森林使得过去的 50 年里全国消耗的森林资源达到 100 亿立方米，即 1 万平方千米，我国的原生天然林已经遭到了难以复原的巨大破坏。

欧美等发达国家早就形成了对本国森林的保护意识，也采取了切实有效的措施。20 世纪下半叶，美国森林覆盖率已经达到了 33%，面积仅次于加拿大和巴西，居世界第三位。尽管如此，因为欧洲的许多森林和美国森林面积的 30% 都曾遭受过酸雨的危害，所以仍有大面积森林枯萎死亡的现象。形势不容乐观。

森林无论是在地球生命的演化史中，还是在今天与我们息息相关的生态环境问题上，都起着非常重要的作用。有人断言，如果森林在地球上消失，那么地球上90%以上的生物物种都会灭绝。

后果不仅仅是这样。森林有着"地球之肺"的美称，每公顷的森林每年可以吸收16吨的二氧化碳，释放12吨的氧气。假如森林从地球上消失，那么全球的放氧量将会减少60%。想想看，如果我们呼吸着含氧量降低了一半的空气，会变成什么样子？

森林是绿色的海洋，是水的过滤器，每公顷森林可以含蓄降水约1000立方米，1万公顷的森林蓄水量相当于1000万立方米库容的水库。如果森林从地球上消失，陆地上90%的淡水将会白白流入大海。

森林除了积蓄淡水，制造氧气，还起着稳固土壤的作用。如果森林从地球上消失，洪水将再无敌人，大量的土地将会随洪水被冲入大海。林海同样也是阻滞粉尘、吸收有毒气体的气候调节器，森林消失将会导致地球上的平均气温上升4~5℃；大片的土地荒漠化；生物固氮将减少90%；许多地区的风速将增加60%~80%。

尽管如今世界上的很多国家已经采取了措施，植树造林，但是森林的消失面积仍然大于我们的植树造林面积。按照绿色和平组织的估计，以目前的人口增长速度和人均的木材需求量，最早到2100年地球上的森林就会荡然无存。

可能很多朋友会觉得这是危言耸听，但是防患于未然，却是我们每个人都应该做的。

侵吞绿色的恶魔

在我们美丽的地球上,存在着一个恐怖的"恶魔",一直以来它都以侵吞绿色为乐,对我们的地球母亲和居住在陆地上的生物造成了巨大的伤害!它是谁?是什么使它变得如此可怕?

可以说如今对地球上绿色植被威胁最大的就是土地的荒漠化了。每天,都有大量的土地沙化,森林也因此不断地收缩,导致地球的植被覆盖率越来越低。而这个不断侵吞绿色的恶魔,就是我们所说的荒漠化。

荒漠化的定义很广泛,包括由于气候变异和人类活动在内的种种因素造成的干旱、半干旱和亚湿润干旱地区的土壤退化都属于土地荒漠化。土壤退化是指由于长期的使用,或某种因素造成的干旱、植被的长期丧失,导致土壤的养分流失,并在一定时间内会形成沙漠或类似沙漠的景观。

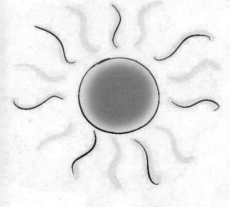

更加严重的是,这种情况似乎还没有减弱的迹象。荒漠化土地从 1984 年的 34.75 亿公顷增加到 1991 年的 35.92 亿公顷,增加了 3.4%。非洲的撒哈拉沙漠南部在近五六十年来向南扩大了 65 万平方千米,大片的稀树草原被

沙漠所吞噬,是世界上荒漠化问题最为严重的地区。

我国的土地荒漠化主要分为风蚀荒漠化、水蚀荒漠化、冻融荒漠化和土壤盐渍化四种类型。荒漠化面积为267.4万平方千米。主要的原因是土地利用粗放,草场管理不善。西北地区存在着大面积的高耗水农田。草场更是持续超载,畜牧业的无节制发展使得当地的草场严重退化。由于西部地区经济比较落后,当地的主要生活燃料还是木柴,导致当地滥砍滥伐情况也比较严重。此外,水资源利用的统筹管理也不到位,尤其是沙漠地区的水资源开发利用缺乏有效的管理。例如新疆的塔里木河流域,由于上游垦区的过量用水,导致下游河道断流,沿河的胡杨林大面积衰退死亡,土地风蚀化,加剧了当地生态环境的恶化。

延伸阅读

根据联合国环境规划署的评估,全球约有10亿人口受到了土地荒漠化的影响;2/3的国家和地区受到了荒漠化的危害;全球土地面积的1/4受到了荒漠化的威胁;每年世界上因荒漠化造成的损失达到了423亿美元。荒漠化已经成为了严重的全球性生态和社会问题,直接影响着我们的生存环境和国土安全。

战争给地球带来的伤痛

延伸阅读

可以说,对人类的生存和发展构成威胁最大的就是战争。如果世界上没有战争,把用于武器研发的资金用来支持环境保护,那么我们地球上的自然生态环境肯定可以得到巨大的改善。无论是对社会环境,还是对生态环境,战争都是有百害而无一利的。

我们都知道朋友之间如果闹矛盾的话,激烈的时候就会打架。每次双方都要打得鼻青脸肿,还会好多天不说话。人与人之间打架尚且如此,那国家之间如果打起来了会怎么样呢?

自人类诞生以来,就一直伴随着战争。战争一直伴随着人类社会的发展而变得越来越血腥,危害也越来越大。尤其到了近代,工业化带来的武器的进步和杀伤力的扩大在给人类经济和社会造成巨大打击的同时,也给地球环境带来了无法挽回的破坏。

说起战争,留给人们最惨痛的教训就是世界大战。据不完全统计,第一次世界大战足足打了 4 年零 3 个月,33 个国家卷入战争,受此战争影响的人口达到 15 亿以上。造成的军民

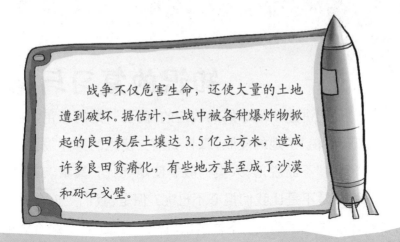

战争不仅危害生命，还使大量的土地遭到破坏。据估计，二战中被各种爆炸物掀起的良田表层土壤达 3.5 亿立方米，造成许多良田贫瘠化，有些地方甚至成了沙漠和砾石戈壁。

伤亡有 3000 多万人，直接经济损失达到了 3300 亿美元。而第二次世界大战更是历时 6 年之久，先后有 60 多个国家和地区参战，军民伤亡 7000 多万人，直接经济损失高达 4 万亿美元。

战争对自然环境的破坏更为惨重。如在美国对越南的战争中，为扫清障碍和清除屏障，美军大量使用落叶剂，并进行地毯式轰炸，使大面积的森林和植被遭到毁灭性的破坏。根据资料显示，在第二次世界大战期间，苏联为抵御德国的侵略，敌对双方曾毁掉森林 2000 万公顷，花圃果园 65 万公顷，炸死各种大型动物 1 亿只以上。在近代海湾战争中，大约有 900 万吨的原油被泄入波斯湾，大量的浮游生物因此窒息而死；使得 52 种鸟类灭绝，波斯湾的水生物种灭绝数量更是难以计算。

地球只有一个，保护地球就是保护我们的家园。只有拥有和平的环境，人类才能够发展，环境才能得以保护。

知识的复习与拓展

这一章向我们讲述了地球妈妈现在的"病况",她的绿色大衣不断"缩水",水泥钢筋弄"糙"了她的皮肤,森林的消失使她的身体"发烧",土地荒漠化使她的"秀发"不断脱落,人类的战争使她"创伤"累累。这样"身心疲惫"的地球母亲,是不是让我们担心不已呢? 但是,我们应该首先对她的病情有所了解才能对症下药啊。下面我们就做一些题,看看是否对地球妈妈的"病"了如指掌?

1. 所谓的城市"水泥化"指的是什么现象?

2. 我们国家的土地荒漠化具体有哪四种类型?

3. 第一次世界大战和第二次世界大战各持续了多久?

全世界仅此一株普陀鹅耳枥

普陀鹅耳枥可以算是最濒危的植物了,它绝对是世界上的无价之宝,因为全世界也就只剩下一株了。普陀鹅耳枥是我国特有的植物,它只生长在舟山群岛的普陀岛上。由于濒临大海,强烈的海风经常把普陀鹅耳枥的花吹落一地,因此结果率非常低,好不容易长成的果实,大多数又会在种子成熟之前被吹落。这么多年过去了,至今都见不到第二棵普陀鹅耳枥,连幼苗也见不到。

科学家对它展开了人工繁殖计划,成功的几率非常低,所以大家更加格外珍视这最后一棵普陀鹅耳枥,如果突然有一天,这最后一棵树突然生病死去了,这个物种在地球上也就灭绝了。

模拟土地沙化

　　大家已经知道,土地沙化对植物来说危害很大。但是,由于我们大多生活在城市里, 所以不能切身体会到土地沙化对植物的影响。那么,我们就做一个模拟土地沙化环境的小实验吧。

准备工作:

　　两个花盆,两株差不多一样的植物,沙子和肥力较好的土,笔和本子。

模拟方法:

　　将一个花盆里装满沙子,另一个盆里装满肥力较好的土,再将两株植物分别栽入两个盆子里。每天早晨定时定量地给两株植物浇一样的水。每天观察两株植物,分别记录下两株植物的变化。

结果:

　　通过观察发现,生长在肥力较好的土壤里的植物枝繁叶茂,而生长在沙子里的植物叶子枯黄,萎靡不振。

结论:

　　生长在肥沃土壤里的植物,能够及时地吸取许多矿物质营养,而生长在沙子里的植物,得不到应有的矿物质和无机盐,所以会枯萎致死。

● 天热的好处

现在污染严重,地球正在"发烧"。

啊,我以后可以天天穿超短裙了!

可以天天吃冰淇淋了!

我就可以天天去游泳了。

● 植树任务

我们一起去植树吧。

哦,可以吧。

那植树任务就全交给你了啊。

●抢劫

抢劫!

真倒霉!

哎,别走啊!把我的植物学书也带走吧!

●作弊

睡不着啊!

我失眠了!

我给你念植物书吧。

啊!好困……

第5章
来自我们身边
的凶手

　　我们平时在写作业时，老师和家长有没有
教导我们要珍惜纸张呢？当我们把旧电池从心
爱的玩具中抠出来时，有没有先把它们收集起
来再送到回收站呢？会不会在我们不经意间就
给环境造成了不可恢复的伤害呢？

树的名字好有趣

课题目标

每个人都有自己独特的名字,那么树呢? 每种树也都有属于自己的名字,其中不乏稀奇古怪的名字。例如,坦桑尼亚有一种乔木,叫作牙刷树,用这种树的树条刷牙,无须牙膏也有满口泡沫。今天,我们就来寻找稀奇古怪的树名。要完成这个课题,你必须:

1.和家长、老师或者好朋友一起合作。

2.在了解树名的同时了解树。

3.记录有趣的树名。

课题准备

你可以和好朋友一起上网,或去图书馆查找资料,也可以向修剪树木的园丁叔叔阿姨们请教。

检查进度

在学习本章内容的同时,要完成以下目标和问题:

1.把找到的树名记录下来。

2.把记录的树名做一个简单的分类。

3.把树名分成乔木、灌木、草本植物、藤本植物 4 种。

总结

活动结束时,可以向老师、家长或者其他的小伙伴们讲述这些有趣的树名。

一次性制品

相信我们大多数人在外出吃饭、购物的时候都会有用到一次性制品的经历。买早餐送的小袋子,吃饭时使用的一次性筷子,等等。尽管这些东西方便了我们的生活,可是大家知道这些东西对环境的危害有多大吗?

根据数据显示,我国国内有上千家的企业生产木制筷子,每年因此消耗的林木资源接近500万立方米。全国林木年采伐量大约为4758万立方米,仅用于生产一次性筷子就占到了10.5%。而在筷子的生产过程中,从原木到木块儿再到成品,木材的有效利用率仅有60%。而在运输和贮存的过程中,为了防潮、防虫,这些筷子还会被撒上不同的药品。大多数人选择一

次性筷子的初衷就是觉得一次性筷子干净、卫生,而经过漂白、药品处理的筷子,显然不怎么符合大家的本意。

大多数的一次性餐具、餐盒、塑料杯等都是用聚苯乙烯、聚丙烯、聚氯乙烯等高分子化合物制成的塑料制品,这些用作餐具的塑料制品与一般塑料制品相比,具有毒性较低、熔点较高、可塑性强等特点,但还是具有一定的毒性。大多数的廉价一次性餐具在较高温度下,其中的有害物质会被食物所吸收,从而对人体造成微量污染,这些物质长久沉积有损健康。而聚苯乙烯制造的一次性制品的降解周期极长,在普通环境下可能需要200年左右的时间才能降解。也就是说在很漫长的一段时间里,这些人为制造出的完全没有必要的一次性消耗品会保持着高分子的形态存在于地表,这些被消费过的一次性垃圾会给当地环境造成严重破坏,而且也会给人类的生存带来危害。

非降解塑料袋带来的
白色污染

塑料袋是我们生活中很常见的物品，如今我们外出购买的大部分东西都会被装进大大小小的塑料袋里。塑料袋确实给我们带来了极大的方便，那我们知不知道塑料袋也有可降解和非降解之分呢？

目前可降解的塑料袋成本较高，一般的小商贩为了节省成本，一般都会选择成本较低的非降解塑料袋。这些非降解塑料袋结构比较稳定，比较不容易被天然微生物菌降解，在自然环境下会存在很长时间，如果不加以回收就会在环境中变成污染物持续对环境造成危害。

那么塑料袋的危害到底有多大呢？首先，塑料袋从生产到处理的整个过程都会造成大量的资源消耗以及地球的环境污染。每个塑料袋的自然分解都需要至少 200 年的时间，这期间它们会污染周围的土地和水源。废

给地球的一封信

塑料制品在土壤中不断积累,会导致植物因吸收不到足够的水分而死亡。如果是在农田里,则会导致农作物的减产。

而抛弃在陆地和水体中的塑料袋,如果被动物当作食物吞入,也会导致动物死亡。塑料袋中夹裹着的油性残留物常常会被动物当作美食,然而大多数动物常常会连塑料袋一起吃下去,当大量不被消化的塑料长时间滞留胃中的时候,动物很难再吃下其他的东西,最后只能活活饿死。这样的惨剧在动物园、牧区、农村和海洋中常常发生。

而那些非降解的塑料袋也并非完全安全,往往也会对人体产生很大的危害。当温度达到65℃时,一次性塑料袋中的有害物质将渗入食物,从而对人的肝脏、肾脏和中枢系统神经造成损害。目前街边的小吃摊所用的大部分塑料袋,都是这种存在着严重安全风险的塑料袋。

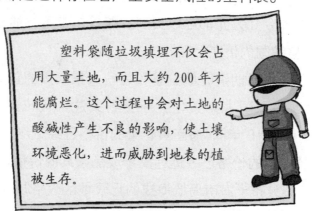

塑料袋随垃圾填埋不仅会占用大量土地,而且大约200年才能腐烂。这个过程中会对土地的酸碱性产生不良的影响,使土壤环境恶化,进而威胁到地表的植被生存。

推崇珍稀木质家具所带来的后果

　　随着社会经济的进步,在我们国内已经形成了盲目攀比、追求奢华消费的风气。"物以稀为贵"的思想促使越来越多的富人开始把目光投向高档木制家具市场。而这种畸形的消费观对大自然也会造成严重的破坏。

　　以红木为例,过去几块钱就能买到的红木筷子已经涨到了上百元。红木是热带出产的珍贵木材,是制作家具的上好材料。过去几百元就可以买到的红木家具如今几万元都难以买到。随着热带雨林的锐减和红木的变少,红木的价格在国内仍在上涨。

　　海南黄花梨曾是明清时期皇室和官宦人家家具的首选用材,如今随着经济的发展和中国古典文化重新受到关注,黄花梨再次受到追捧。2002~2012年的10年间,海南黄花梨的价格已经上涨了400多倍,价格堪比黄金。黄花梨的价格已经远远高于成品家具的价格,出现了严重的倒挂。海南黄花梨分布于海南岛低海拔的丘陵地区或平原、台地。根据记载,早在明末清初,海南黄花梨木种就濒临灭绝,在此后的数百年时间里,我

在我国，红木是被禁止砍伐的，如今大多数的红木家具原料大都依赖进口。但任何地域的热带树木的砍伐都会破坏热带雨林。全球的热带雨林正以每年1700万公顷的速度锐减，用不了多少年，世界上的热带雨林资源就会被全部破坏。

国70%的黄花梨木家具均流往国外，国内仅存的少量黄花梨木被用于房屋建造，制成锅盖、算盘甚至锄把，面临着损毁。

这些珍贵的红木材料都是取自这些珍稀的树种，而珍稀的树种往往是不可复制的自然遗产。保护植被，就要从拒绝消费这些珍贵红木做起。

养成节约用纸的好习惯

每个人的生活都离不开纸,餐巾纸、卫生纸、作业用纸、课本,等等。那当我们用到这些东西的时候,是否应该想一想,我们节约了吗?

纸作为我们日常生活中最常用、最熟悉的物品,其原材料正是地球上逐渐减少的树木。而在其生产过程中所造成的污染,也日益成为影响环境的重要因素。

生活用纸,是我们日常生活中不可缺少的一种消费。无论是在家庭,还是在公共场合,生活纸张的使用都存在着不同程度的浪费。人们不用毛巾擦手擦脸而用更为方便的纸张,厨房也省掉了抹布而直接用厨房用纸,甚至直接用纸擦鞋擦桌子。这些无疑造成了很大的浪费,更加促进了造纸企业的产量,也就意味着更多的树木将要被砍伐。

从学习到生活,纸对于我们来说都是那样地不可或缺。目前,我国生产 1 吨纸大约要耗费 7 棵大树、100 立方米的水。如果每人每天节约 1 张纸,每年就可以节约 4745

当纸在我们的生活中日益变得不可或缺，而其生产、加工过程又有着严重污染的情况下，节约用纸就显得尤为重要。

亿张纸。一棵20年树龄的树可以造大约3000张A4纸，也就是说一年可以少砍伐158166667棵树!这样看来，节约用纸就是植树造林。

既然如此，我们如何才能做到节约用纸呢？学习用纸大概是消耗纸张最多的了。我们在学校里学习，接触最多的就是纸了，作业本、演草纸，很多同学写作业时随意撕纸，尤其是写作文的时候，写错一个字就要撕去一张纸，撕一些纸叠飞机、折纸，等等。可以说校园里的纸张浪费十分严重。既然要节约用纸，这种行为就坚决不能够再出现。写作业认真，坚持不犯错误，其实就是节约用纸。旧本子还没有用完，可以把没用过的页子合订起来做草稿纸。绘画的时候可以先用普通纸张打草稿，因为绘画用纸的生产比普通用纸的生产对环境造成的污染更严重。

减少不必要的浪费，就是节约。每天只要省下一张纸，一年下来我们就可以拥有一片小树林。如果每个人都能做到不浪费每张纸，一年下来我们就可以节省出一片森林。

小小电池危害大

在科技发达的今天,电已经是我们生活的一部分。而电池,与我们的生活也日益密切。电池的发明已经有 200 多年的历史,如今我们的手机、遥控汽车、遥控器等都离不开电池。可别小瞧了这微不足道的电池,它带来的污染可是惊人的!

根据科学家的测定,一颗纽扣电池可以污染 50 万升水,这已经是一个人一生的用水量;而一节电池如果烂在地里,能够吞噬 1 平方米的土地,并造成永久性的伤害。我国作为电池生产消费的大国,每年大约生产 180 亿节电池,消费 80 亿节,约占世界总量的 1/3。而这些被消费的电池大多数没有经过妥善的回收,回收率不足 2%。

废旧电池对环境的危害主要是电池中的有害物质在被废弃后所造成的环境污染。这些有害成分主要有汞、镉、镍、铅等重金属,此外还有酸、碱等电解质溶液。这些都会对生态环境和人体产生不同程度的危害。日常生活中的电池由于价格便宜、体积小,而人们对电池的污染又认识不足,所以经常会把它随意丢弃而不易引起人们的关注。当这些电池散落在自然界之后,随着其金属外壳的锈蚀,电池里的有害物质就会逐渐地逸出,进入土壤或者经过雨水冲进河流进入地下水。而如果焚烧垃圾时混入电池,电池中所含的汞就会以蒸气形式进入大气圈。而如果在被污染

走,咱们称霸世界去!

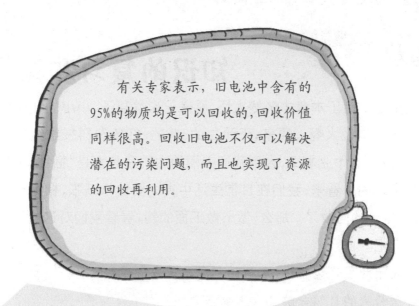

有关专家表示，旧电池中含有的95%的物质均是可以回收的，回收价值同样很高。回收旧电池不仅可以解决潜在的污染问题，而且也实现了资源的回收再利用。

的土地上种植农作物，或误食了在被污染水中生活的鱼类，则会使有害物质间接进入人体，从而损害人体的神经、造血功能，导致人体免疫力下降，肾脏、骨骼等受害。因此，废旧电池随意丢弃将给我们的环境留下长期的、潜在的危害，也会影响到我们人类自身的健康。

电池可以说是生产多少废弃多少，所以随着电池产量的增加污染也不可避免。另一方面，废旧电池里所含有的对人体有害的重金属又是较为稀缺的工业原料，世界上的发达国家目前已经对回收旧电池极为重视，西欧的许多国家不仅在商店里甚至在大街上都有专门存放废旧电池的回收箱。

如今的电池使用量正在增加，废旧电池的数量也在增加。关爱我们身边的环境、参与废旧电池的分类回收和利用是我们每个人的责任和义务。个人的行为也许微不足道，但是如果我们把每个人的力量联合起来，便足以撑起一片绿色的天地，一片与自然和谐相处的绿色天地。

知识的复习和拓展

是不是学完了本章才恍然大悟,原来一次性筷子、小小的纽扣电池对环境的危害这么大啊。原来,无论白的、黄的、红的塑料袋统统是白色垃圾;小到我们的作业本纸,大到我们美丽的木质家具都是"牺牲"了一棵棵大树才实现的。看来,我们在日常生活中真的要珍惜纸张,杜绝一次性筷子,注重电池的回收了。那么,做一做下面的题,看看我们对这些知识掌握得牢不牢吧。

1. 筷子的生产过程中,木材的利用率是多少呢?

2. 塑料袋的自然分解至少需要多久呢?

3. 海南黄花梨分布在哪里呢?

4. 废旧电池中有多少物质是可以回收的?

可降解塑料

我们已经了解了不可降解塑料,那么什么是可降解塑料呢?可降解塑料分为光降解塑料、生物降解塑料和光—生物降解塑料3种。

由于白色污染的日益加重,人们发明了可降解塑料。可降解塑料是指通过土壤中微生物作用或者接触太阳光辐射能变成小分子物,最终变成水和二氧化碳的塑料。而且,它和普通的塑料袋相比有相应的卫生性能和相近的应用性能。但是由于造价比普通塑料贵,所以在几年前并未在生活中流传开来。自从国家要求使用可降解塑料袋之后,人们才渐渐使用了这种方便的塑料袋。

随着降解技术的完善、降解性能的提高和成本的不断降低,我们有理由相信,在不久的未来,"白色污染"会从我们的生活中彻底地消失。

一盆植物，室内空气好清新

绿萝

绿萝不仅看起来很美丽，而且还有很强的空气净化作用。环保科学家发现：一盆绿萝在 8~10 平方米的房间内就相当于一个空气净化器，能有效吸收空气中甲醛、苯和三氯乙烯等有害气体。它净化空气的能力非常强，如果是新装修的房子，地板、墙壁的油漆等都会产生很多有害气体，这个时候摆上一盆绿萝，过一段时间，绿萝就能把空气净化得十分宜人了。

吊兰

吊兰的花是白色的，香味比较淡，非常适合在室内种植。吊兰的空气净化能力非常强，特别是对有毒气体。科学家的研究证明，一间卧室里面只要放一盆吊兰，就可以把房间里由于吸烟产生的有害气体全部吸收干净，同时还能吸收家具、电磁炉、微波炉等产生的有害气体，比如甲醛、一氧化碳、二氧化碳、二氧化硫、氮氧化物等。

芦荟

芦荟的叶子肥厚而宽大，后宽前窄，像一把匕首，边缘还有很多小刺，在植物学上，把这种叶子的形状叫作披针形。在家里养一盆芦荟，用来净化空气。芦荟的净化空气能力很强，被称为有害空气的清道夫，对甲醛具有很好的净化作用。

●乱扔垃圾

你怎么乱扔白色垃圾?

老师,我没有啊。

怎么没有,我都看见了!

我扔掉的是红色塑料袋。

●冬天枯萎

你最近心情不太好啊。

嗯,我和植物很像。

总是生机勃勃的么?

一到冬天就枯萎。

● 旧物回收

我们最近学习了废旧东西要回收。

你要记在心里就好了!

怎么这么高兴,做什么了?

我把废纸给了收废品的,还给他100元钱。

● 研究植物

上课的时候可以研究植物吗?

研究植物是好事,当然可以。

太好了,可以嗑瓜子了!

第6章
绿色远去，人类灾难！

你听说过丝绸之路么？听说过月牙湖么？地球环境的恶化对它们有影响吗？我们这章就是向大家介绍一下在环境恶化的情况下它们都发生怎样的变化。

捡拾白色塑料袋

课题目标

当狂风怒号时,大家有没有看到漫天飞舞的五颜六色的塑料袋呢?这些彩色的塑料袋都是白色垃圾,对环境的污染相当厉害。我们今天的活动就是:捡拾白色垃圾,还大地绿色。

要完成这个课题,你必须:

1.和家长、老师或者好朋友一起合作。

2.带上捡拾垃圾的夹子和放置垃圾的袋子。

3.在捡拾的过程中注意安全,不去危险的地方。

课题准备

准备好捡拾垃圾的工具后,我们就可以出发了。我们可以和伙伴们一起在小区的周围,或者在公园里进行捡拾白色垃圾的活动。

检查进度

1.在过程中,千万不要去水边或高处等危险的地方。

2.一些清洁的塑料可以用手捡,但是一些较为脏的塑料应当用夹子夹起。

3.在捡拾之后,应将所有的白色垃圾送到回收站。

总结

虽然我们捡拾的白色垃圾有限,但是只要我们尽了力,我们就是环保小达人!

名副其实的"墨"西哥城

我们都知道墨西哥城是墨西哥的首都,墨西哥城也叫"墨"西哥城,这是为什么呢? 看完这篇文章,相信你会有一个答案!

墨西哥的首都墨西哥城位于该国中南部高原的山谷中,号称世界上海拔最高的城市。然而,海拔高并不一定意味着空气好,作为西半球最古老的城市,墨西哥城的空气污染也在全球非常有名。

1992 年,联合国把墨西哥城的空气描述成了"这个星球上污染最严重的空气"。如此严重的口吻,不由让人深思,为什么墨西哥城的空气污染会这么严重?

墨西哥城面积达到了 1500 平方千米,人口多达 1800 多万。从 20 世纪 70 年代开始,大量的农村人口涌入首都,城市里的工厂企业多达 3 万多家,占全国企业总数的 40%。我们可以简单地计算一下,平均每平方千米的土地上拥有 1 万多的人口,再加上这么多的工厂,不难想象,能够用

有人甚至用"烟雾弥漫,天日难辨"来形容污染最严重时的墨西哥城。

家园

来绿化的面积实在是少得可怜。

墨西哥城里的 300 多万辆汽车，炼油厂和许多工厂林立的烟囱每天大约能产生 1200 吨污染物，一年大概要向空气中排放 350 万吨的一氧化碳、45 万吨的二氧化碳、43 万吨的尘埃。来到这个城市你就会发现，即使是在晴天这个城市也总是灰蒙蒙的。因此每年墨西哥城都要拉响十几次的烟雾污染警报，甚至会导致工厂停工、中小学停课。

这样的污染环境，对许多的墨西哥市民，尤其是老人和儿童都造成了巨大的伤害。

墨西哥城的现状足以使人们意识到植被的重要性，当污染巨大而绿化在逐渐减少的时候，自然地呼吸，有时候也会成为一种奢望。

据调查显示，长时间呼吸受污染的空气已经使很多墨西哥城市民的嗅觉受损，甚至嗅觉死亡。这些危害促使政府发出了一系列长达一年的警告：避免外出锻炼！

87

面临干涸的月牙泉

延伸阅读

　　其实月牙泉的干涸即是敦煌当地的缩影。随着植被被砍伐，沙漠已经在全球蔓延，月牙泉所处的塔克拉玛干沙漠更是连年扩张，沙漠的侵袭使得敦煌当地人不得不抽取更多的地下水来维持生产生活。而地下水位的下降，正是月牙泉干涸的主要原因。由于水资源短缺严重，敦煌当地的总体环境都在不断恶化。

　　在甘肃敦煌的鸣沙山，有着这样一个人间奇景：一眼泉水被四面的沙漠包围，泉水却历经千年而不干涸。这就是被称作天下沙漠第一泉的月牙泉。

　　月牙泉东西长300余米，南北宽50余米，泉形酷似月牙，四周都是高耸的沙山。它的奇特之处在于流沙永远填埋不住清泉。关于月牙泉、鸣沙山的形成还有着这样的传说：最早的时候这里没有月牙泉和鸣沙山，只有一座雷音寺。每年的四月初八这座寺都会举行浴佛节，方丈会端出一碗雷音寺祖传的圣水放在寺庙门前。有一年的浴佛节上，一个道士前来叫阵，要与方丈斗法。这位道士极其厉害，召来了风沙把整座雷音寺掩埋，但雷音寺门前的那碗圣水却安然无恙。道士不信邪，又使出浑身法术往碗里填沙。这时忽听轰隆一声大响，那碗圣

水半边倾斜化作一道清泉冲向道士，瞬间就把道士化作了一滩黑色的碎石，而这股圣水化作的清泉则继续涌出，形成了被沙山包围的月牙泉。原来这碗圣水是当初佛祖所传，由于道士作恶多端才显灵惩罚。

尽管传说不可信，但月牙泉千年不干涸却是真的，因为早在汉代就有关于月牙泉的记载。但是 20 世纪末到 21 世纪初，月牙泉的水位却开始大幅度地下降，水域面积也开始不断地缩小。根据资料记载，从 1987～1997 年 10 年间，泉水的面积已经由 9000 平方米减少到了 5670 平方米，最大水深更是由 4.2 米下降到了 2.0 米。10 年间泉水面积平均每年缩小 330 平方米，到 1998 年最大水深更是只剩下 1.2 米，眼看就要干涸！

如今的月牙泉，仅靠自身的泉水已经难以在沙山环绕之下维持，当地政府每年都要为月牙泉清淤捞沙，并从其他地区引水注入月牙泉来维持这个千年名胜。

丝绸之路的兴衰

　　丝绸之路沿线古文明的衰亡：新疆塔里木盆地的塔克拉玛干沙漠南部，曾是中国历史上最发达的地区之一。那里早在新石器时代就出现了灌溉农业，公元前2世纪张骞出使西域时，曾看到不少沙漠中的城郭和农田。此后，西域广大地区统一于汉朝中央政府管辖之下，发展屯田，兴修水利。作为西域交通要道的丝绸之路南道所经楼兰、且末、精绝、渠勒、于田、莎车等地均有很发达的农业。到了唐代，农业更为发达，《大唐西域记》详细记载了焉耆、龟兹、莎车、于田等地的农业盛况。古楼兰王国以楼兰绿洲为立国之本，历经数个世纪，曾经繁盛一时。而今天，沿昔日繁华的丝绸之路掠过，古代的大片良田已沦为流沙，古城废墟历历在目，曾经浩瀚的罗布泊已经干涸，楼兰等绿洲已沦为不毛之地，丝绸之路沿线古文明已湮灭于荒漠的吞噬之中。

　　丝绸之路沿线古文明的消失，固然与气候变干、降雨量减少、冰川萎缩、河流断流、水系改道等自然因素的波动有关，但土地的过度开垦、生物资源和水资源的不合理利用、天然植被的破坏以及频繁的战争等人为因素，加剧了土地盐渍化、水资源的耗竭和环境退化，这是导致丝绸之路沿线古文明衰亡的主要原因。

当时的丝绸之路经长安—河西走廊—新疆—中亚—欧洲，这是一条具有历史意义的国际通道，是这条古道把古老的中国文化、阿拉伯文化和古希腊文化连接起来。可是，就是这么一条古道，由于人们的过度开发竟然毁灭了。这是多么大的一个遗憾啊。历史给我们敲响了警钟：人类不能向大自然索取太多！

寂静的春天

　　春天,本应是个鸟语花香的季节,然而在 20 世纪 70 年代的英国或者是如今的中国乡村,你可能只会闻到花香而听不到鸟语。甚至连一些果园的授粉工作,都需要人工来完成。传授花粉的人们各自拿着器具,在花海里干着以前蜜蜂干的工作,投入的人力甚至比果子收获的季节还大。那这些小动物和鸟儿们都去了哪里呢?

　　原来,随着农业科技的发展,人们发明了用来杀死害虫的很多农药。当这些农药被喷洒到地面或枝叶上时,传播花粉的蜜蜂、吃虫子的鸟儿都会因沾染上毒素而大量死亡,而狐狸等一些大型动物有时又以鸟儿尸体为食,因此它也难逃厄运。这种情况在 20 世纪 60 年代的发达国家和目前的许多发展中国家屡见不鲜。

　　大量地使用农药导致害虫和鸟类一起死亡,而那些果树上的果子也

会有大量的农药残留，如果人在服用的时候不清洗干净也会病从口入。

大量鸟类、昆虫等小动物的死亡破坏了自然界生物链的平衡，同时也给人类的生产、生活带来麻烦。因此我们最需要做的就是推广生物用药，倡导无公害蔬菜的种植，努力减少对动植物的伤害。

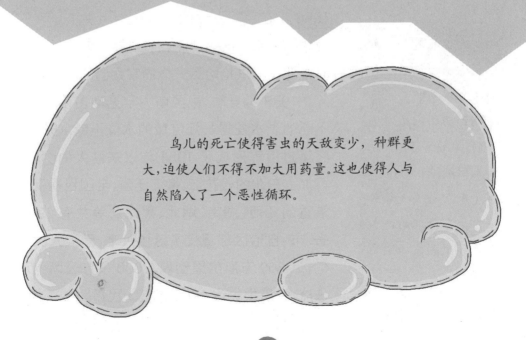

鸟儿的死亡使得害虫的天敌变少，种群更大，迫使人们不得不加大用药量。这也使得人与自然陷入了一个恶性循环。

国人心中难以磨灭的痛

延伸阅读

四川省 193 个县中,森林覆盖面积超过 30% 的仅有 12 个县,一些县的森林覆盖率还不到 3%。长江下游有巨大蓄洪功能的洞庭湖则因为围湖造田从 1949 年的 4350 平方千米缩减到了 2145 平方千米。这些都是降水量加大后长江的洪水造成巨大损失的主要原因。

"泥巴裹满裤腿,汗水湿透衣背,我不知道你是谁,我却知道你为了谁。"相信大家都曾经听到过这首歌,但我们知道这首歌的背景吗? 1998 年在我国发生的全流域特大洪水是我们中华民族难以磨灭的痛,而这首歌,就是献给当时奋斗在抗洪抢险第一线的官兵们的。

1998 年夏季,中国南方罕见地多雨,持续不断的洪水使得长江流域的水位不断上升,最终漫过河堤形成了 1954 年以来最大的洪水。再加上东北的松花江、嫩江泛滥,全国包括受灾最重的江西、湖南、湖北、黑龙江等共有 29 个省、市、自治区都遭受了这场灾难,受灾人数上亿,近 500 万所房屋倒塌,2000 多万公顷土地被淹,经济损失达 1600 多亿人民币。

　　尽管洪水的客观原因是当年降水量暴增引起的，但造成巨大损失的根本原因却是长江流域森林的乱砍滥伐造成的水土流失，中下游围湖造田的泛滥。长江两岸有4亿人口居住，在20世纪50年代中期长江上游森林覆盖率仅为22％，由于当地不断地开垦农田、建厂，两岸80％的森林都被砍伐殆尽。

　　这次洪水直接促使我国制定了禁止砍伐天然林的法律。尽管当地许多人民群众已经意识到了植被的重要性，但付出的代价实在是太大了，衷心希望这类事件不再发生。

知识的复习与拓展

相信大家已经知道了,墨西哥城真的是名副其实的"墨"西哥城;昔日繁华的丝绸之路如今荒凉一片;往日热闹的春天如今静悄悄的。请大家做一做下面的题,看看大家对这些大自然的"惩罚"了解得是否透彻。

1. 请你向其他人讲述一下关于月牙泉的传说。

2. 你能说出丝绸之路的两条路线么?

神秘消亡的楼兰古国

楼兰是中国西部的一个古代小国,国都楼兰城,曾经为丝绸之路必经之地,有过500年的辉煌,形成了它在世界文化史上的特殊地位。

在人类历史上,楼兰是个充满了神秘色彩的名字。那是因为,在公元415年,楼兰古国突然消失了,成了一个未解的千古谜团。到底是什么原因让繁荣昌盛了500年的古国突然消失了呢?

科学家们认为,楼兰古城的消亡与环境恶化有很大关系。塔里木河和孔雀河中的泥沙汇聚在罗布泊的河口,日久天长,泥沙越积越多,淤塞了河道,塔里木河和孔雀河便另觅新道,流向低洼处,形成新湖。而旧湖在炎热的气候中,逐渐蒸发,成为沙漠。水是楼兰城万物生命之源,罗布泊湖水的北移,使楼兰城水源枯竭,树木枯死,市民皆弃城出走,留下死城一座,在肆虐的沙漠风暴中,楼兰终于被沙丘湮没了。

我是绿色环保小达人

测试一下,看你是不是绿色环保小达人!

1. 夏日炎炎,你用什么方式来消暑呢?

　　a.空调　b.风扇　c.扇子

　　a.1 分　b.2 分　c.3 分

2. 你用什么交通方式出行?

　　a.私家车　　b.公交车

　　c.自行车　　d.步行

　　a.1 分　b.2 分　c.3 分　d.4 分

3. 你和爸爸妈妈一起去超市或者去买菜时,用什么样的袋子?

　　a.布袋子　b.菜篮子

　　c.可降解塑料袋

　　d.不可降解塑料袋

　　a.4 分　b.3 分　c.2 分　d.1 分

4. 你们家里的废旧电池是怎么处理的?

　　a.收集起来然后送到回收站

　　b.随便扔

　　a.3 分　　b.2 分

5. 你们家用什么水浇花?

　　a.拖过地的水

　　b.干净的水

　　a.2 分　　b.1 分

6. 在和家人外出吃饭时,你会用哪种筷子?

　　a.餐厅的木筷子　b.一次性筷子

　　a.2 分　　　b.1 分

7. 当你在学校演算时,会用哪种纸?

　　a.旧本子的背面　b.新的本子

　　a.2 分　　　b.1 分

8. 你用过的易拉罐、废瓶子怎么办呢?

　　a.收集起来并回收　b.乱扔

　　a.2 分　　　b.1 分

9. 在公园时,你会踩小草么?

　　a.不会　　b.会

　　a.2 分　　b.1 分

10. 你会定期种植小树么?

　　a.会　　b.不会

　　a.2 分　　b.1 分

20～30 分:你是绿色环保达人哦。

15～20 分:你需要再努力一点哦。

0～15 分:你一定要加油了!

● 墨西哥

今天只有我回答出了老师的问题。

哎呀，真棒！

快说说，怎么回答的？

老师问哪个城市空气最不好，我回答当然是墨西哥呀，墨不就是黑么。

● 爱好大自然

你今天怎么这么高兴呀？

你这么爱好学习啊。

因为我们今天要上自然课

因为自然课不用写作业！

●口渴

你在草丛里干什么？

我渴啊！

都说树有蒸腾作用，我看看树会不会漏点水出来。

●仙人掌

是你害死了我的花！

我又不是故意的！只是想帮它浇水！

啊？

你不知道水太多，仙人掌会被淹死吗？

第7章
世界著名森林

你知道白雪公主和七个小矮人住在哪里吗？你听说过地下森林吗？你听说过绿色的"万里长城"吗？那么，大家就带着心中的疑问，在这一章里寻找答案吧！

察叶识树

课题目标

大家应该都听说过"闻声识人"这个成语吧。那么,有没有听说过"察叶识树"呢? 我们今天要做的就是"察叶识树",观察树叶分辨出是什么树。相信大家都"摩拳擦掌"想要赶快一试了吧。

要完成这个课题,你必须:

1.和家长、老师或者好朋友一起合作。

2.先认识一些树的树叶。

3.准备一张大白纸和一些彩笔、胶水。

课题准备

和老师、家长或者小伙伴一起上网,去图书馆或者花园里认识一些树木的叶子,并且把这些叶子的形状、叶脉走向记牢。

检查进度

1.和小伙伴们一起到公园或者街道上收集一些叶片。

2.将叶片用胶水粘在大白纸上。

3.用彩笔在叶片周围写下叶片的树种。

总结

将这张制作成功的叶片图展示给其他小伙伴看,相互交流一下经验。或者请老师、家长指出其中的不足之处。

亚马孙热带雨林

延伸阅读

热带雨林的生物多样化相当出色，聚集了250万种昆虫、上万种植物和大约2000种鸟类和哺乳动物，生活着全世界鸟类总数的1/5。有的专家估计，每平方千米内大约有超过7.5万种的树木、15万种高等植物，包括有9万吨的植物生物量。

亚马孙热带雨林被称为地球的肺部，供给了全球很大一部分的氧气。它位于南美洲的亚马孙盆地，占地700万平方千米，横越了8个国家：巴西、哥伦比亚、秘鲁、委内瑞拉、厄瓜多尔、玻利维亚、圭亚那及苏里南；占据了世界雨林面积的一半，森林面积的20%，是全球最大及物种最多的热带雨林。

亚马孙河流域为世界最大流域，其雨林由东面的大西洋沿岸延伸到低地与安地斯山脉山麓丘陵相接处，形成一条林带，逐渐拓宽至1900千米。雨林异常宽广，而且连绵不断，反映出该地气候特点：多雨、潮湿及普遍高温。

亚马孙热带雨林蕴藏着世界最丰富、最多样的生物资源，昆虫、植物、鸟类及其他生物种类多达数百万种，其中许多物种在科学上至今尚无记载。在繁茂的植物中有各类树种，包括香桃木、月桂类、棕榈、金合欢、黄檀木、巴西果及橡胶树等。桃花心木与亚马孙雪松可做优质木材。主要野生动物有美洲虎、海牛、貘、红鹿、水豚和许多啮齿动物，亦有多种猴类。有"世界动植物王国"之称。

　　亚马孙热带雨林作为世界上最大的雨林，具有相当重要的生态学意义，它的生物量足以吸收大量的二氧化碳，是保证地球生态循环的最重要系统。

　　可是这种生态环境目前遭到了严重的破坏，仅在巴西，超过 90 个原住民部族于 20 世纪初被殖民主义者摧毁，数百年来累积的对雨林物种医学价值的知识亦随之散失。

　　2004 年 7 月，科学家们警告雨林将不能够维持以往每年吸收百万吨计的温室气体，原因是雨林遭破坏的速度正在加剧。2005 年，亚马孙经历了 100 年来最严重的干旱，正踏入连续第二年干旱。2006 年 7 月 23 日，林洞研究中心指出，由于大量砍伐森林，导致亚马孙干旱，雨林正在无可挽回地开始死亡。森林已站在沙漠化的边缘，将对全球气候带来灾难性影响，世界可能灭亡。环境学家所忧虑的不单是森林遭破坏后对生物多样性的损害，更忧虑到森林遭破坏后植物所释出的碳元素可能会加速全球暖化。

　　　1970 年，时任巴西总统为了解决东北部的贫困问题，做出了一个最可悲的决策：开发亚马孙地区。这一决策使该地区每年约有 8 万平方千米的原始森林遭到破坏，巴西的森林面积同 400 年前相比，整整减少了一半……

大兴安岭

美丽、富饶、古朴、自然，无任何污染的黑龙江大兴安岭林区，位于祖国的最北边陲，东连绵延千里的小兴安岭，西依呼伦贝尔大草原，南达肥沃、富庶的松嫩平原，北与俄罗斯联邦隔江相望，境内山峦叠嶂，林莽苍苍，雄浑八万里的疆域，一片粗犷。大兴安岭中的"兴安"是满语，意为"极寒的地方"，因为气候寒冷，故有此名；大兴安岭的"岭"即满语"阿林"，其意为山。大兴安岭与小兴安岭相对。

大兴安岭被人们称为聚宝盆，说它是"遍地皆为宝，天下也难找"。这里的地上、地下资源极为丰富，其中森林是大兴安岭最雄厚的资源。这里是绿色的王国，在绵绵不尽的群山上，长满了刚劲挺拔的兴安落叶松、四季长青的樟子松、婷婷玉立的白桦、耸入云天的山杨、西伯利亚冷杉及黑桦、柞树、山榆、水曲柳、钻天柳、蒙古栎等，多达上百种。

大兴安岭盛产蓝莓(俗称笃斯、都柿)，而且都是纯野生的，是我国主要野生蓝莓产区。蓝莓，意为蓝色的浆果。一种是低灌木，矮脚野生，颗粒小，但花青素的含量很高；另一种是人工培育蓝莓，能成长至240厘米高，

大兴安岭林地面积达730万公顷，森林覆盖率达64%，林木总蓄积5.87亿立方米，占黑龙江省总蓄积的26.6%，占全国总蓄积的7.8%。大兴安岭原始森林茂密，是我国重要的林业基地之一。主要树木有兴安落叶松、樟子松、红皮云杉、白桦、蒙古栎、山杨等。

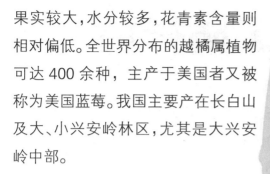

果实较大,水分较多,花青素含量则相对偏低。全世界分布的越橘属植物可达 400 余种, 主产于美国者又被称为美国蓝莓。我国主要产在长白山及大、小兴安岭林区,尤其是大兴安岭中部。

大兴安岭是中国东北部的著名山脉,也是中国最重要的林业基地之一。那里有许多优质的木材,如红松、水曲柳等。落叶松、白桦、山杨等是这里的主要树种。由于这里的树木十分稠密,只有拼命地向上长,才能最大限度地接受到阳光,因此,这里的树木一般都很直、很高,是上等的建筑材料。有的大树长到 60 多米,树干仍然笔直。

禁止砍伐

三北人工防护林

三北防护林工程是指在中国三北(西北、华北和东北)地区建设的大型人工林业生态工程。中国政府为改善生态环境,于1978年把这项工程列为国家经济建设的重要项目。

三北防护林又称修造"绿色万里长城"活动。1978年,国家决定在西北、华北北部、东北西部风沙危害、水土流失严重的地区,建设大型防护林工程,即带、片、网相结合的"绿色万里长城"。三北防护林体系建设工程于1978年11月启动,建设范围主要是风沙危害和水土流失严重的西北、华北、东北地区,工程规划期限为73年,分八期工程进行。目前已正式启动第五期工程建设。

在这块历史上曾是森林茂密、草原肥美的富庶之地上,由于种种人为和自然力的作用,使这里的植被遭到破坏,土地沙漠化、水土流失十分严重。区域内分布着八大沙漠、四大沙地,沙漠、戈壁和沙漠化土地总面积达149万平方千米,从新疆一直延伸到黑龙江,形成了一条万里风沙带。在黄土高原,水土流失面积占这一地区总面积的90%,在黄河下游的有些地段,河床高出堤外地面3~5米,成为地上"悬河"。

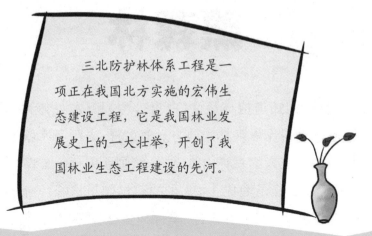

三北防护林体系工程是一项正在我国北方实施的宏伟生态建设工程，它是我国林业发展史上的一大壮举，开创了我国林业生态工程建设的先河。

大部分地区年均降水量在 400 毫米以下，形成了"十年九旱，不旱则涝"的气候特点。风沙危害、水土流失和干旱所带来的生态危害严重制约着三北地区的经济和社会发展，使各族人民长期处于贫困落后的境地，同时也构成对中华民族生存发展的严峻挑战。

1978 年 11 月 25 日，国务院批准了在三北地区建设大型防护林工程，并特别强调：我国西北、华北及东北西部，风沙危害和水土流失十分严重，木料、燃料、肥料、饲料俱缺，农业生产低而不稳。大力种树种草，特别是有计划地营造带、片、网相结合的防护林体系，是改变这一地区农牧生产条件的一项战略措施，并把这项工程列为国民经济和社会发展的重点项目。国家希望建设三北工程，实现粮食安全与生态安全的良性互动，促进防风固沙与治穷致富协调发展，达到蓄水固土与兴林富民的多重目标。防沙治沙是三大任务之一。

三北防护林对防治沙尘暴的直接作用主要是减弱动力。虽然大气环流形成的大风不是人力所能消除的，但是通过加强林草植被建设，可以有效减弱地表风速，达到减轻沙尘暴的效果。这是三北工程的直接功能。最根本的是通过林业生态建设，保护和发展农牧业生产力，减轻对沙质土地的经营压力，反过来促进植被恢复和发展，达到减弱动力源和物质源的双重效果。

黑森林

　　小朋友们,你们知道格林童话《白雪公主》和《灰姑娘》的故事发生在哪里吗? 那是一座叫作黑森林的地方。怎么样,光听名字就很神秘吧?

　　黑森林是德国最大的森林山脉,位于德国西南部。黑森林的西边和南边是莱茵河谷,最高峰是海拔 1493 米的菲尔德贝格峰(Feldberg)。黑森林是德国的旅游胜地,因布谷鸟钟、黑森林蛋糕、黑森林火腿、蜂蜜和猪肘等而出名,许多格林童话中的故事就发生在这里。

　　黑森林,又称条顿森林,位于德国西南巴符州山区,在南北长 160 千米,东西长 60 千米连绵起伏的山区内,密布着大片的森林,由于森林树木茂密,远看一片黑压压的,因此得名。它是德国中等山脉中最具吸引力的地方,这里到处是参天笔直的杉树,林山总面积约 6000 平方千米。黑森林是多瑙河与内卡河的发源地。山势陡峭、风景如画的金齐希峡谷将山腰劈为南北两段,北部为砂岩地,森林茂密,地势高峻,气候寒冷;南部地势较低,土壤肥沃,山谷内气候适中。

　　黑森林根据树林分布稠密程度分为北部黑森林、中部黑森林和南部黑森林三部分。

　　北部黑森林，从巴登到弗罗伊登施塔特。北部黑森林最为茂密，分布着大片由松树和杉树构成的原始森林，因为树叶颜色深并且树林分布密，远远望去呈现浓重的墨绿色。森林中还有一些小湖。

　　中部黑森林，从弗罗伊登施塔特到弗赖堡。中部黑森林汇集了德国南部传统风格的木制农舍建筑。

　　南部黑森林，从弗赖堡到德国和瑞士的边境。树林不再相连成一大片，风光逐渐接近瑞士，山间的草地逐渐增多，树林间的山坡被开辟成草地牧场。

　　正是这充满神秘的森林赋予了人们无限的遐想，这是大自然赐予人类的精神财富。假设这些森林全部被破坏了，那么人类的灵感与幻想也将走到枯竭的尽头。

延伸阅读

　　在黑森林里，树林逐渐被草地间隔分开，风光渐渐向着瑞士风格靠近。站在黑森林中海拔最高的费尔德贝格峰上眺望，没有一览众山小的气势，有的只是美不胜收的莱茵平原、清新美丽的瑞士西部风景和宏伟壮观的法国斯特拉斯堡大教堂。各种景色糅合在一起，能让你忘了自己身在何处。

镜泊湖地下森林

美丽地球
少年环保科普丛书

延伸阅读

关于地下森林的成因，众说不一，至今尚难定论。但是一种说法颇近情理，很有说服力。此说认为，火山口的内壁岩石，经过长期风化剥蚀，早已与火山灰等一起变为肥沃的土壤，而衔着各种植物种子飞越火山口的群鸟，则成为天然播种者。如此天长地久，火山口的内壁上，终于长满了树，形成了森林。

地下森林又称"火山口原始森林"，和镜泊湖区1200多平方千米的面积共同列为国家级自然保护区，位于黑龙江省牡丹江市境内镜泊湖西北约50千米处，坐落在张广才岭东南坡的深山内，海拔1000米左右。

当游人踏上张广才岭东南坡，沿着山路上行，登上火山顶时，眼前会突然出现一个硕大的火山口，火山口中植被繁茂，这就是"地下森林"。据科学家考察得知，经千万年沧桑变化，大约1万年前的火山爆发，形成了低陷的奇特罕见的"地下森林"，故称火山口原始森林。这些火山口由东北向西南分布，在长40千米、宽5千米的狭长形地带上，共有10个。

地下森林中蕴藏着丰富的植物资源，有红松、黄花落叶松、紫椴、水曲柳、黄菠萝等名贵

你听说过地下森林吗？

由于其环境的特殊性，它不仅成为美妙的风景区，而且成为中外地理学家、历史学家、生物学家理想的科研基地。

木材树种；有人参、黄芪、三七、五味子等名贵药材；有木耳、榛蘑、蕨菜等名贵山珍；地下森林也有着丰富的动物资源：游人拾级而下时，常见林间有鸟儿飞行、蛇儿爬行、兔儿跳行、鼠儿穿行，一片生机盎然。据科学家考察得知，这里不仅有上述小动物出没，而且有马鹿、野猪、黑熊等大型动物出没，甚至还有世界罕见的国家保护动物青羊、东北虎出没，堪称"地下动物园"。

现在由镜泊山庄出发，可乘车直达地下森林，交通极为方便。你可以踩着峭壁间的人造石径小心翼翼地进入地下森林，亲身体验一下它的神奇。当你下到石阶尽头，就到了火山口底部。火山口底比较平坦，似乎无奇可赏。然而稍加留意，却不难发现这里暗藏着火山溶洞。溶洞内气温反常，酷夏有薄冰，严冬有清泉，十分奇特。游人初入溶洞，即使是盛夏，也会暑意全消，感到异常舒适。但越向里行，却越觉阴冷，仿佛走进冰窖一般。

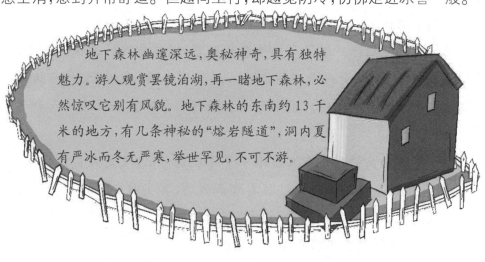

地下森林幽邃深远，奥秘神奇，具有独特魅力。游人观赏罢镜泊湖，再一睹地下森林，必然惊叹它别有风貌。地下森林的东南约13千米的地方，有几条神秘的"熔岩隧道"，洞内夏有严冰而冬无严寒，举世罕见，不可不游。

知识的复习和拓展

大兴安岭旖旎的风光,新奇的地下森林,神秘的黑森林,危机四伏的亚马孙热带雨林,壮丽的人工防护林,你一定还陶醉在这些美丽的森林中吧。是啊,大自然的鬼斧神工无不令人流连忘返。那么,下面我们就要做几道题来考察一下自己。

1. 亚马孙热带雨林占地多少,跨越多少个国家?

2. 大兴安岭的主要树木有哪几种?

3. 三北防护林工程指的是什么?

4. 《白雪公主》和《灰姑娘》这两个故事发生在哪里?

危机四伏的亚马孙热带雨林

亚马孙热带雨林树木葱茏,是一个绚丽多姿、丰富多彩的植物王国。动物种类也相当繁多,有各种或庞大或弱小的动物。因此,这是一个危机四伏的热带雨林。

亚马孙热带雨林充满了弱肉强食的残暴、同类相残的凶狠。但是,除了鳄鱼、毒蛇、毒虫、食人鱼这些危险外还有传染病、毒贩子、游击队和劫机犯这些来自人类的危险。很多到这里进行科学研究和探险的人都不幸命丧此处。

也许有些动物的行为在人类眼中不可理喻,但这就是大自然的法则。比如,捕食者猎杀被捕食者的过程看起来残忍,其实前者只能捕食到后者中的老弱病残,才能使被捕食动物种群中强壮的个体存留下来并且参与生殖,保证了种群优良基因的传递与后代的健康。

培养水仙花

大家的家里是不是都种有妈妈喜爱的花花草草？那么,大家喜欢洁白美丽的水仙花么?今天呢,我们大家就要用水培养水仙花。相信大家一定能将水仙花培养得水灵灵的。

准备活动:

水仙花球,深沿的盘子,清水。

方法步骤:

一、将丰满充实、有光泽的花球上的泥土扒掉。

二、小心翼翼地将外层的褐色外皮扒掉。

三、将花球放置在盘子里。

四、在盘子里浇入清水,没过白色根须即可。

五、勤换水,隔1～2天换水一次,最好头一天将水倒掉,次日早晨加入清水。

注意事项:

水仙花喜欢冷、喜欢光,平时尽量将水仙花放置在户外晒太阳,夜晚则搬入室内。

结论:

一般,从栽培水仙花到水仙花开放大概需要35天。

看到洁白的花瓣,嫩黄的花蕊,你有没有一种成就感呢?养一株水仙花在家里,既可以芬芳空气,又可以美化环境,何乐而不为呢?

●白雪公主

白雪公主住的黑森林在哪里？

那在德国啊！找黑森林做什么？

找白雪公主啊！

我要是能和白雪公主一起住的话，多美啊。

●强迫

你看学习多好啊，知道那么多关于动植物的事情。

我要做歌唱家，又不是做动物园园长，学动植物知识有什么用啊？

给你个指挥棒，去动物园指挥青蛙唱歌去吧！

●洗澡

你最想去哪里？

塔克拉玛干沙漠。

三毛笔下的塔克拉玛干沙漠。

听说在那里人们一年四季都可以不洗澡。

●卖花

你今天很开心啊。

其实我觉得，你是班里最漂亮的女生了。

最美的女孩要有最美的花，我算你便宜一些，5块，怎么样？

第8章
找回失去的绿色

你知道一棵树价值几何吗？你在植树节种植过小树苗吗？你听说过绿色花园城市吗？你听说过生态墙吗？一棵树可谓价值"千金"，生态墙满眼的绿色，爬满植物。这个章节就带领大家找回我们失去的绿色。

辨识种子

课题目标

你能想象到吗？森林里的参天大树都是由一颗颗可爱的小种子发育而来的。很多树和其他的植物都有自己独特的种子。那么我们下面这个活动就是辨识各样的种子。

要完成这个课题，你必须：

1.和家长、老师或者好朋友一起合作。

2.需要了解各种花草树木的种子。

3.了解裸子植物和被子植物种子的区别。

课题准备

和你的老师或者家长、小伙伴一起上网，去图书馆查找种子的资料。和你的同伴一起去花园里，或者花卉市场里收集一些种子。

检查进度

在收集种子的过程中，大家要做到以下目标或者回答出以下问题：

1.识别出被子植物和裸子植物种子的区别。

2.大致认识 10 种左右的种子。

3.大概了解种子的结构。

总结

将自己认识的种子说给家长或老师听，请他们评判一下自己做得怎么样。

一棵树的价值

可别小瞧了我们身边随处可见的大树，一棵树的价值，可能比你想象的要大得多呢。

国外曾有学者对树的生态价值进行过计算，一棵有 50 年树龄的大树，累计创造的价值约为 196000 美元。先别忙着吃惊，等你看完下面的数据，也许会觉得这点儿钱还远远不够。

一棵树可以生产 200 千克的纸浆，而这些纸浆如果被用来生产卫生纸的话，则至少能生产质量为 100 克的卫生纸 750 卷。当然这只是

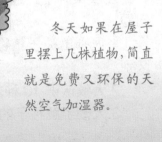

冬天如果在屋子里摆上几株植物，简直就是免费又环保的天然空气加湿器。

¥1000

¥1500

被砍倒的树木的价值。可是如果你让它站在那里呢？

在城市，一棵树一年可以贮存一辆汽车行驶 16 千米所排放的污染物。很多树木都可以吸收有害气体，如 1 公顷柳杉林每年可以吸收二氧化硫 60 千克，其他树木如臭椿、夹竹桃、银杏、梧桐等都有吸收二氧化硫的功能。

树木还可以增加空气的湿度。一株成年树木，一天可以蒸发 400 千克水，所以树林中的空气湿度明显要比其他地方高。

1 公顷的林地与裸地相比，至少可以多储存 3000 立方米的水源。而 1 万亩森林的蓄水能力相当于蓄水量达到 100 万立方米的水库。而一个蓄水量 100 万立方米的水库，其建造成本大概需要千万余元。

而树木最重要的价值，则是会为我们提供生存必需的氧气。如果一棵树平均一年能够生产 1 吨的氧气，那么一棵 50 年树龄的成年大树已经为我们提供了多少生存所必需的氧气呢？

所以无论从哪方面来计算，种下一棵树，都是一笔能够拥有巨大回报的投资。而砍掉一棵树，其损失是难以计算的。我们需要重新审视一棵树的生态价值，只有真正地认识到了树木对人类生存所作出的贡献，我们才能够更好地对它进行保护。

植树造林，打造我们的绿色家园

每年的 3 月 12 日，我们都会或多或少地参加植树活动。可是大家知道植树节的由来吗？为什么这么多的国家都有植树节呢？

已经有越来越多的人认识到了树木的生态价值，所以植树造林已经是全人类的共识。世界上的大部分国家，更是把植树造林当成了一种节日。

"植树节"是一些国家把宣传森林效益、动员人们参加造林活动以法律的形式规定起来的措施。按照时间的长短可以分为植树日、植树周和植树月等。这些都被称为植树节。每年的 3 月 12 日是我国的植树节。通过植树节的各种活动，可以激发大家爱护树木、植树造林的热情，提高大家对森林功能的认识，改善我们的居

住环境。1979年2月23日，我国第五届全国人大常务委员会第六次会议决定，以3月12日为中国的植树节，以鼓励全国各族人民植树造林，绿化祖国。

世界上最早的植树节是在美国的内布拉斯加州设立的。在1872年4月10日，一个叫作莫顿的人提议设立植树节。该州采纳了莫顿的建议，把4月10日定为该州的植树节。

在世界各个国家的植树造林运动中，美国是这项运动中最成功的国家之一。美国的植树节是州定节日，全国并没有统一规定的日期。但每年的4、5月份美国各州都会组织植树活动，有的州甚至还会放假。这是因为美国曾经是乱砍滥伐最严重的国家，曾经饱受水土流失和风沙的侵害。在19世纪以前，内布拉斯加州是一片光秃秃的荒原，大风一起，黄沙漫天，当地的人民深受其害。而如今的内布拉斯加州乃至整个美国，森林覆盖率已经达到了1/3。这与该国倡导植树造林有着不可分割的关系。

相信我们大家都希望生活在一个充满绿色、鸟语花香的地方。而要达成这个愿望，就需要我们每个人都参与到植树造林的活动中来。因为这不仅是为我们自身着想，也是为我们的子孙后代造福。

建造绿色花园城市

如今的许多城市都会在建设中提到要建设绿色花园城市，为什么要建造绿色花园城市呢？什么样的城市才算绿色花园城市呢？我们居住的城市算是绿色花园城市吗？这些问题，统统可以在本文里找到答案。

随着社会的发展，工业城市的种种弊端开始显露。工业化的浪潮使得人们的居住环境受到了极大的影响。在 19 世纪上半叶，以英、美为首的发达国家的大型城市面临着各种环境污染问题。英国更是被称为雾都，终日里看不到阳光。工业社会对自然的破坏使得当时的人们吃够了苦头。

与此同时，英国著名的规划专家在 1898 年提出了"花园城市"的理论，中心思想就是能够使人们居住在既有良好的社会经济环境，又有美好的自然环境的新型城市之中。

目前世界上的各个国家都在开展这项城市绿色运动。美国的旧金山还把绿色城市当作了建市标签，努力地朝着这个目标迈进。不仅在建设城市森林上下工夫，而且在处理城市垃圾方面也取得了令人瞩目的成绩。目前旧金山市每年产生的 179 万吨废料中的约 117 万吨都已经做到了再回收，废料回收率已经达到了 67％。

此外，欧洲在建设花园城市中也不甘落后。许多欧洲的小城市如苏黎士、慕尼黑等城市的森林人均占有面积已经达到了 70 多平方米。行走在

最新的统计数字表明，瑞典是世界上人口平均寿命最长的国家之一。该国的女性和男性的平均寿命已经分别达到了 81.4 岁和 76.3 岁。这跟瑞典的自然环境有着很大的关系。瑞典被称为"森林之国"。一踏上瑞典的国土，就犹如进入了人间仙境一般，群山环绕，绿树成荫，一派生机勃勃的景象。而这些先天的优势，也为瑞典提供了建设花园城市的天然条件。到目前为止，瑞典的大部分城市都已经达到了花园城市的标准。正是基于此，瑞典也成了世界上最适宜居住的国家之一。

这些城市的大街小巷，空气清新、整洁安静，随处都是鲜花绿草和别致的建筑物。在这里，方圆 500 米以内一定可以见到公园。而值得注意的是，这些花园城市里的老年人患病率也是整个欧洲最低的。因为城市中随处可见的松树、椴树等分泌的丁香酚和柠檬油等挥发性芳香物质可以杀死空气中的球菌、杆菌等多种病原菌。

这些让人羡慕不已的花园城市不仅环保，而且更有利于当地居民的健康。而我国由于近年来经济高速发展，城市化进程迅速，这方面的建设还不够到位。面对那些如人间仙境般的城市，我们也只能是力所能及地做一些环保，争取在有生之年可以看到我们生活的城市也逐渐变成一座大花园。

和绿色植物居住在一起

延伸阅读

生态墙的种类很多，有的国家在建房时，用带草根的土来砌墙，等到草长起来的时候，就成了最自然的生态墙。有的则采用一种六边形的空心砖，里面填充树胶、草籽和施过肥的土壤混合物，把砖砌成上面有凹槽的形状，在砖下接通浇水管道。几个月后，绿油油的嫩草就从墙里长出来了，犹如一片垂直的草坪。也有人做好花架，用一盆盆特制的鲜花摆成一堵墙，不仅环保而且可拆卸。

在许多童话故事里，和森林里的动植物们居住在一起一直是我们所羡慕的，可是如今似乎真的有人实现了这个理想！让我们一起来看看吧！

城市的扩张正在越来越多地侵占着植被的生存空间。但城市的发展与环境的保护其实并不是相违背的。在城市建设的过程中，我们依然可以跟绿色植物和谐相处，甚至让它们为我们所用。在这方面，一些国家的做法给了我们一个很好的启发。

美国等发达国家正在普及的生态墙就是一个例子。即用大自然中的绿色植物来砌墙。这种生长中的墙没有任何污染，所以叫作生态墙。当我们还在为了刚装修完的新家里因残留过多的化学物质而忧虑时，生态墙已经开始改善室内的空气了。这种植物墙创造性地利用植物做材料，成功地构筑了一个充满自然气息的垂直花园。植物墙不仅能为城市环境增添生机，还可以吸收空气中的污染物，减缓噪音，降低建筑物所吸收的太阳辐射。室内植物墙更是可以让你长时间地与绿色相伴，对身体健康和心情愉悦都有着巨大的帮助。

除了生态墙之外，另一种让我们贴近绿色的方式就是生态住宅了。生态住宅并不单单只是指在房顶上养鱼、对墙体进行绿化等现代建造方式，而是按照生态平衡的原理进行设计和建设。首先在建筑材料方面必须是无毒、无害、隔音降噪的环保绿色材料；在设计上也要与自然环境相协调；还要拥有完备的垃圾处理体系，形成多层次的良性循环系统。

但是人们对生态住宅的研究和利用还处在初级阶段。不管是在欧洲还是美国，生态住宅的发展都十分缓慢。生态住宅通常都还只是大型建筑的专利，如德国柏林的新议会大厦、法兰克福商业银行等。这些建筑无一不需要大量的前期投资，对我们寻常人来说可望而不可及，全面的普及还需要一定的时间。

知识的复习和拓展

你有没有对本章的生态墙产生浓厚的兴趣呢？有没有对我们的建造绿色花园表示赞同和欣赏呢？这一章告诉了我们一棵树的价值,和绿色植物生活在一起的好处。要找回我们曾经的绿色家园,需要我们每一个人的努力。而我们是祖国的下一代,更需要我们的努力。好了,下面做几道题来复习一下前面学过的知识吧。

1. 一棵有 50 年树龄的大树能创造多少价值?

2. 我们国家的植树节是几月几日?

3. 哪个国家是世界上人口平均寿命最长的国家?

有趣的树

世界之大无奇不有，下面就为大家介绍几种世界各地的有趣奇怪的树吧。

唱歌树: 非洲有一种唱歌树。树身挂着柔软的枝条,生着薄薄的叶片,风吹枝条飘拂,叶片碰击,就会发出优美动听的乐声,像高山流水,如百鸟和唱。

欢笑树: 阿拉伯地区有一种灌木,在它矮矮的身躯上,结着一种特殊物质的黑色果实,人们吃了便会呵呵大笑。因而人们把这种树称作欢笑树。

哭泣树: 斯里兰卡有一种哭泣树,叶片中间凹陷,中央储存了很多水分,一经阳光照射,叶片舒展,就把水珠抛落了,就像落泪一样。也有人称它"雨树"。

凉席树: 几内亚的一种巨型阔叶树,形如芭蕉,四季常绿。叶子巨大,长有七八米,宽 3 米多,光滑无毛,且有清香味,用作凉席睡觉,凉爽极了。

知道下面题的答案吗?

　　学习完了这一章,相信大家应该了解了一棵树的价值,也知道了森林对人类意味着什么了。那么,作为祖国的花朵,国家未来的接班人,我们更应懂得建造一个绿色的家园是多么重要。下面我们就做一些选择题,来考察一下我们对知识的理解。

1.林区里每立方米的大气中有_____个细菌。

　　A.3.5　　　B.4　　　　C.5.5　　　　D.6.5

2.一棵树可以生产_____千克的纸浆。

　　A.100　　　B.200　　　C.300　　　　D.400

3.一公顷的柳杉林每年可以吸收二氧化硫_____千克。

　　A.40　　　B.50　　　　C.60　　　　D.70

4.一株成年树木,一天可以蒸发_____千克水。

　　A.100　　　B.200　　　C.300　　　　D.400

5.一棵树一年可以储存一辆汽车行驶_____千米所排放的污染物。

　　A.16　　　B.17　　　　C.18　　　　D.19

答案是:

1~5　A B C D A

　　你答对了几个呢?如果答对的少的话,就要努力了。因为你们是绿化地球的下一代接班人哦。

● 负担重

你每天都那么快乐,不像我,身上的负担那么重。

哎呀,其实我的负担也很重了。

那你身上最重的东西是什么?

头发。 ● ● ● ●

● 模仿

啊!哦!

咦!哦!

你在学习唱歌树的歌声吗?

不!我在学习猿猴的语言。

●植物系

咱家的煤气没关。

呀,多危险啊,快关了吧。

没事,植物吸进一氧化碳,吐出氧气。

啊……

●两盆花

你家的花真漂亮!

那当然!

可是,有两盆花我看像是我家丢失的。

胡说,那是我用两颗糖和你弟弟换来的。

第9章
人类的反思与行动

随着环境的恶化，人类也开始反思，开始进行保护环境的行动。那么，最早进入工业革命的国家是怎样对自己的国家进行绿色改造的呢？下面这一章，就向大家介绍"痛改前非"的美国、告别"雾都"的伦敦等等。

寻找"变态"根

课题目标

　　大多数树根都像老爷爷的胡须般长长的、细细的。但是,你知道吗,还有些奇怪的根,例如胡萝卜的根。这些根称为"变态"根。要完成这个课题,你必须:

　　1.和家长、老师或者好朋友一起合作。

　　2.了解一下变态根和普通根的不同。

　　3.找出不同种的变态根。

课题准备

　　和老师或家长、小伙伴一起上网,去图书馆找寻一些有关变态根的图片和资料。

检查进度

　　在寻找变态根的过程中,你要做到以下几个目标或者完成以下问题:

　　1.大致了解几种变态根。

　　2.观察变态根和普通根的不同。

　　3.大致了解变态根的结构。

总结

　　向老师或者家长讲述一些自己了解到的变态根的知识,分享一下劳动成果。

美国：痛改前非的典范

延伸阅读

熟悉历史的人们都知道，北美洲的森林曾经是多么辽阔。然而自从作为新大陆被航海家发现之后，从17、18世纪的移民潮开始，直到20世纪初，北美洲的森林经历了历史上最为野蛮的洗劫。在近300年的时间里，美国的原始森林被消耗掉了2/3。整整190亿立方米的林木被砍伐，一大批珍贵树种灭绝。

如果你来到美国，肯定会被无边的绿色所陶醉。从白宫前的辽阔草坪，到中央公园的参天大树，再到洛杉矶的茂密森林。开车走在郊外的公路上，放眼望去，一片绿色。如今的美国拥有森林3亿公顷，林地面积仅次于加拿大和巴西，居全球第三位。森林覆盖率占国土面积的33%。如今的美国年轻人可能会对此习以为常，因为林地本就是美国人生活中不可缺少的一部分，只有历经沧桑的老人，才会偶尔记起1934年西部平原刮起的那场漫天狂风。

整整持续了3天3夜的大风，刮起地表大量的沃土，化作铺天盖地的黄毛风。美国在1934年经过这场大风之后，全国小麦减产102亿千克。这次震动世界的灾难，被称作"黑风暴"事件。

　　根据美国历史学家的估计,当年仅移民垦荒,就砍伐了近133万平方千米的原始森林。占美国面积46%的密西西比河以东地区,在被发现之前90%的土地都被森林覆盖。然而在人类的刀斧下,仅用100年的时间,就被砍掉了一半。森林的破坏给美国带来了灾难性的后果,自然灾害频发,极端天气开始显现。

　　在保护森林的呼声越来越高的时候,美国政府下令数百万公顷的耕地实施"退耕还林"政策,并开展了声势浩大的全民造林运动。政府还组织起一支庞大的青年造林军,吸收17~23岁的青年参与造林护林,世界上最早的植树节也是在该国的内布拉斯加州设立的。这支浩浩荡荡的造林大军在7年间造林数万平方千米,一直到第二次世界大战爆发才解散。

美国人民终于在自然灾害面前下定决心痛定思痛,痛改前非。

禁止砍伐

133

英国伦敦：向"雾都"告别

　　曾经的"雾都"——伦敦，长久以来一直都被拿来当作污染严重的典范。大文豪查尔斯·狄更斯的小说《荒凉山庄》的开篇就曾经细致描述了伦敦的雾，"那是一种侵入人心深处的黑暗，是一种铺天盖地的氛围"。可是现在的伦敦还是这个样子吗？它有没有其他的变化呢？

　　19世纪时，英国的工业进入了急速发展的时期。伦敦市区里工厂所产生的废气形成极浓的灰黄色烟雾，20世纪50年代达到最严重的程度。能见度不超过1000米的大雾天气一年中多达50多天。1952年12月5～10日更是发生了震惊世界的"伦敦烟雾事件"。当时的伦敦歌剧院正在上演的《茶花女》也因为观众看不见舞台而终止，白天伸手不见五指，伦敦水陆交通几乎瘫痪。

　　灾难终于引起了英国人的重视，并催生了世界上第一部空气污染防治法案《清洁空气法》的出台。1968年以后，英国又出台了一系列的空气污染防控法案，规定各个城市都要进行空气质量的评价与回顾，对达不到标准的地区，政府必须划出空气质量管理区域，并强制在规定期间内达标。欧盟更是要求成员国2012年空气不达标的天数不能超过35天，超过

根据记载,仅在大雾天气持续的几天里,伦敦市就有将近4000人死亡。1周内伦敦市支气管炎死亡704人,冠心病死亡281人,心脏衰竭死亡244人,结核病死亡77人。此外,肺炎、肺癌、流行性感冒等呼吸系统发病人数也显著增加。

这个天数的国家将有可能面临4.5亿美元的巨额罚款。这些政策促使包括英国在内的很多欧洲国家重视环境问题,并在境内开展了大量的城市绿化运动。

到20世纪80年代,伦敦市在城市外围建设的环形绿地面积达4434平方千米,给城市穿上了绿色的大衣。如今的伦敦已经成功摘掉了"雾都"的帽子,伦敦、牛津、剑桥等城市绿化率都已经达到了40%以上,伦敦市民再也不用担心空气质量的问题了。

日本的绿色观

说到森林，就不能不说到日本。因为在亚洲，除了花园城市新加坡的森林覆盖率高达 75% 之外，就要数日本了。这个高人口密度的西太平洋岛国的森林覆盖率已经达到了 67%，在发达国家的绿化率排行榜上名列前茅。

如今的长春市的斯大林大街上，高大的乔木把道路两边装点得郁郁葱葱。美丽的灌木，芬芳的花朵，宽阔的绿化带，都使得这条城市中心大街显得幽深而辽远。这在我们国内是绝无仅有的。仔细了解之后才发现，这条大街的绿化，原来是日本人占领时期的产物。由此可见日本人对城市绿化的认识之早、规划之完善。但日本绝不仅仅只有这一面，在装点自己的家园的同时，日本对于别的国家的森林可就没有这么好的待遇了。

日本对别国森林资源的掠夺由来已久。根据近代史记载，日俄战争以后，战败的俄国把我国东北的铁路经营权转让给了日本，同时转让给日本的还有鸭绿江右岸的伐木权。30 年中，日本可谓是把所谓的"伐木权"运用得淋漓尽致，铁路两侧 50 千米以内的森林在这期间被砍伐殆尽，全部运

在如今的和平年代，日本国内不允许成立造纸等污染企业，生活用纸等几乎完全依赖向中国等周边国家进口。这样的绿色环保理念，似乎也在时刻给周边国家上着一堂环保教育课。

回了日本本国。在"9·18"事变之后，日本侵占东北的 14 年中掠夺木材 6400 万立方米，是当时东北林区木材总储量的 2%，采伐面积为 4 万平方千米。而在同一时期受日本侵略的东南亚，当地的林木也遭到了日本的大肆砍伐。

但是在日本国内，他们却把绿化作为立国之本。战败后的日本更是把绿化国土作为重建的基础。日本政府通过一系列的法令成立了"森林爱护联盟""国土绿化推进委员会"，设立了"绿化和森林基金"，举国上下，同心栽树。而随着经济的发展，富有的日本更是把手伸向了非洲和南美的原始森林。

保护森林的国际行动

森林是我们大家生存所不可或缺的,了解了森林的重要性,我们是不是应该对它进行保护呢? 现在,就让我们来看看国际上对保护森林所采取的行动吧!

20 世纪 80 年代以后, 保护森林特别是热带雨林已经成为世界各国人民的共识,也是国际社会高度关注的问题。

1985 年,联合国粮农组织制定了热带雨林行动计划,随之也推出了一系列的政策。在 1992 年,联合国环境发展大会则通过了"关于森林的原则声明"。目前,越来越多的国家认识到了森林在维护生物多样性和气候稳定方面的作用,在建立可持续森林管理的标准和指标,实施控制森林乱砍滥伐的综合政策措施等问题方面,也已经达成了共识。

1990 年国际热带木材组织制定了一个热带森林可持续管理标准和指南,这是世界上第一份关于热带雨林可持续管理方面的标准。随后这个标准也逐渐被各个国家所接受, 联合国粮农组织等国际组织也在其他区域制定了森林可持续管理的指南。

俗话说，没有买卖，就没有杀害。这句话同样可以适用于如今的国际木材贸易市场。如果保护植被已经成为了我们所有人类的共识，那么森林的砍伐数量一定会逐渐下降，而我们的地球，也必将重新被绿色包裹。

另一个控制森林被破坏的方法就是限制木材的国际贸易。根据《濒危野生动植物物种国际贸易公约》的规定，一些已经濒临灭绝的和一些拥有重要价值的木材都被列入了控制清单。《国际热带木材协定》也涉及了木材的国际贸易的控制。同时，这些协议的实施还受到了一些国际性非政府组织的监督。

那么我们应该如何联合起来保护森林呢？一个很重要的行动领域就是推动森林的可持续管理。

作为这个地球的一份子，我们能够为地球母亲做些什么呢?

了解了美国、英国、日本的绿化,你有什么感想呢? 看了国际上保护森林的行动,你是不是也想赶快为绿化作出一些贡献呢? 看着"痛改前非"的美国,告别"雾都"的英国,重视绿化的日本,是不是觉得自己做得不到位呢? 了解其他国家,取其精髓去其糟粕也是一种通向成功的途径。那么,做一做下面的题来考察一下自己吧。

1. 美国拥有多少森林面积,在世界上排第几?

2. 伦敦、牛津、剑桥等城市的绿化率能达到多少?

3. 日本和新加坡的森林覆盖率是多少?

4. 第一份关于热带雨林可持续管理方面的标准是哪一年制定的?

新加坡的绿化

众所周知,新加坡是"花园城市国家"。那么,新加坡是怎样搞绿化的呢? 第一,合理规划周密设计。提出了人均 8 平方米绿地的指标,并要求在住宅前均要有绿地,插缝绿化。第二,法规护航令行禁止。从 20 世纪 70 年代开始,《公园与树木法令》《公园与树木保护法令》 等一批法律法规先后出台。政府在加强绿化教育,提高全民绿化意识的同时,对损坏绿化的行为实行严厉处罚。第三,市场机制灵活运用。绿化管理并非仅仅是主管部门的责任,所有建设项目,如街道、建屋、开发土地的绿化都作为项目建设的组成部分,按照绿化规划落实,验收合格后移交绿化部门管理。第四,公众参与,从我做起。在新加坡,从政府工作人员到普通市民,都要坚持参加一年一度的植树运动。

或许,正是因为这四点才使新加坡成为一个世界闻名的旅游国家。

再生纸

再生纸是一种以废纸为原料,经过分选、净化、打浆、抄造等十几道工序生产出来的纸张。再生纸因为其原料的80%来源于回收的废纸,因而被誉为低能耗、轻污染的环保型用纸。在全世界日益提倡环保思想的今天,使用再生纸是一个深得人心的举措。

再生纸由于不添加任何增白剂,荧光剂等化学品,所以更显现出纸张的本色之美;微微发黄的纸张,由于不反光,更有利于保护我们的眼睛。同时,再生纸并不影响办公、学习时的正常使用。

环境影响:

再生纸制浆过程中对大气、水质等造成的环境污染比起一般纸张大大降低,在制造过程中可以使废水排放量减少50%,尤其是可以省去造纸前期的几道工序,不会产生污染最为严重的黑液。

推广再生纸:

1. 保护环境,节约资源,减少污染。根据造纸专家和环保专家提供的资料表明:1吨废纸可生产品质良好的再生纸850千克,节省木材3立方米（相当于26棵3~4年的树木）,节省化工原料300千克,节煤1.2吨,节电600度,并可减少大量的废弃物。

2. 有利于推进循环经济。循环经济就是按照生态规律,对生产、运输、消费和废物处理进行整体设计,运用高科技手段,实现资源的减量化、废弃物的资源化。把资源生产消费废弃物的单向运作方式的终点变为二次资源。

●买花

●棍子的作用

● 班花

你是咱班的班花。

我真的有这么漂亮吗?

你误会我的意思了……

你最爱把班里的花搬回家,所以叫搬花。

● 可恶

啊!

可恶!谁把石头涂成足球的颜色。